中国江河百问系列丛书

长江400问

CHANGJIANG

主　编　朱振宏　程卫民

副主编　黄鹤鸣　傅湘宁

杨永德

黄河水利出版社

长 江 流 域 简 图

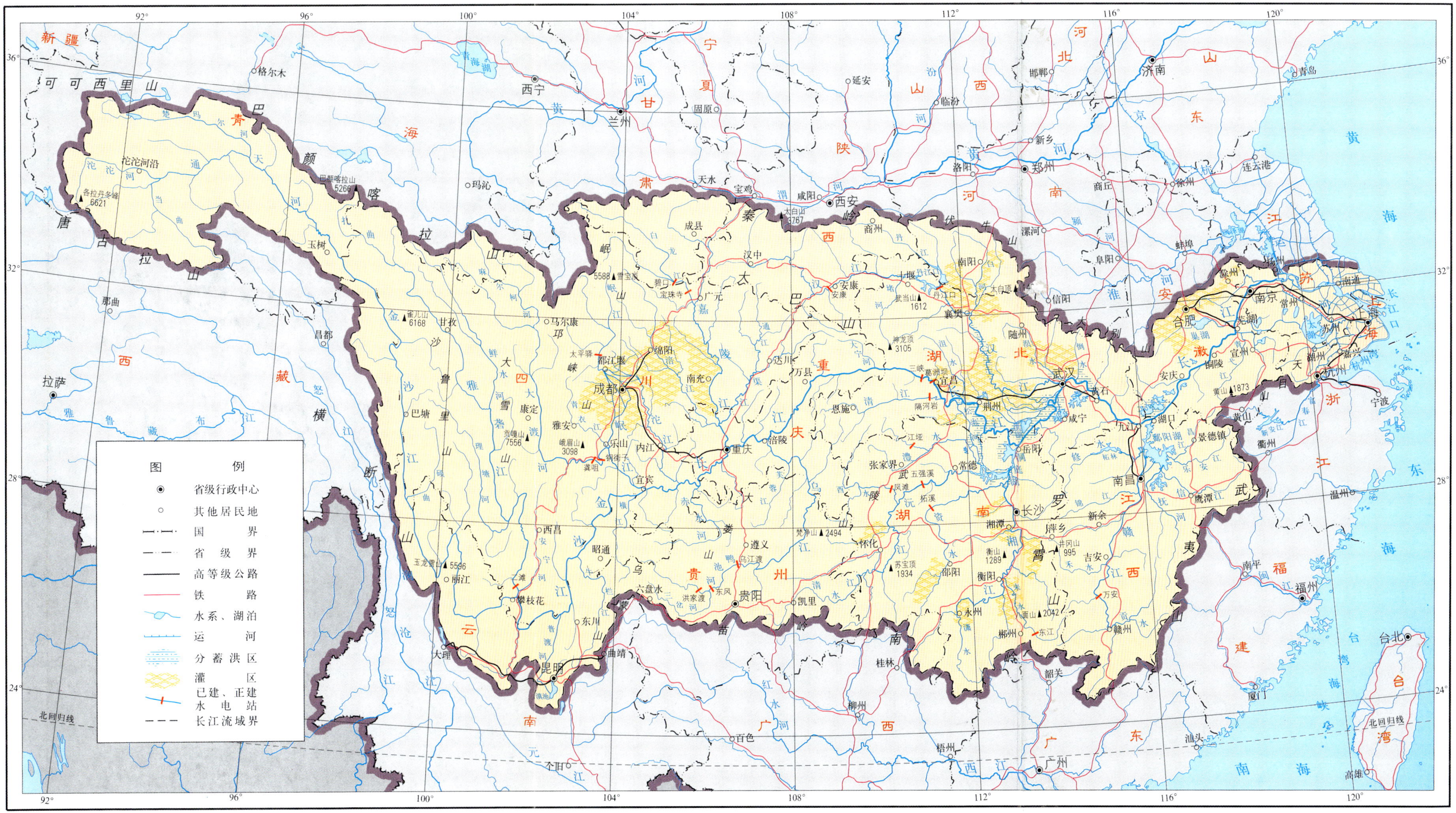
图 例
省级行政中心
其他居民地
国 界
省 级 界
高等级公路
铁 路
水系、湖泊
运 河
分蓄洪区
灌 区
已建、正建水电站
长江流域界
北回归线
成都
重庆
武汉
长沙
南昌
合肥
南京
上海
杭州
贵阳
昆明
西宁
兰州
西安
郑州
济南
拉萨
福州
台北
广州
宜昌
荆州
岳阳
九江
安庆
芜湖
苏州
宁波
攀枝花
西昌
丽江
大理
曲靖
遵义
乌江渡
东风
怀化
张家界
常德
湘潭
衡阳
株洲
郴州
永州
邵阳
赣州
吉安
萍乡
新余
景德镇
鹰潭
衢州
黄山
宣城
铜陵
湖口
咸宁
黄石
随州
襄樊
十堰
丹江口
南阳
安康
汉中
广元
绵阳
南充
达川
万县
涪陵
恩施
内江
宜宾
乐山
雅安
康定
马尔康
甘孜
巴塘
玉树
昌都
沱沱河沿
格拉丹冬峰 6621
贡嘎山 7556
峨眉山 3098
神农顶 3105
黄山 1873
三峡
葛洲坝
隔河岩
二滩
龚嘴
铜街子
都江堰
宝珠寺
碧口
太平驿
五强溪
凤滩
拓溪
万安
东江
洪家渡
长江口
黄海
东海
南海
台湾海峡
太湖
洞庭湖
鄱阳湖
巢湖
青海湖
金沙江
雅砻江
大渡河
岷江
嘉陵江
乌江
汉江
湘江
资水
沅江
赣江
黄河
淮河
可可西里山
巴颜喀拉山
唐古拉山
横断山
秦岭
大巴山
巫山
武陵山
雪峰山
南岭
罗霄山
武夷山
大别山
天目山
大娄山
四川
湖北
湖南
江西
安徽
江苏
浙江
贵州
云南
西藏
青海
甘肃
陕西
河南
山东
福建
广东
广西
重庆
新疆
宁夏
山西
河北
台湾

险滩众多、水流汹涌的西陵峡（周 屹 摄）

江源 — 浩荡的长江从这里开始了它的万里行程（茹遂初 摄）

蜿蜒于横断山峡谷中的金沙江（车 钢 摄）

长江第一湾（刘小康 摄）

临灭绝的珍禽 — 朱鹮 （刘荫增 摄）

国家一级保护动物 — 大熊猫（蒲 涛 摄）

九寨沟风光 （陈仲原 摄）

湘西武陵源风景区 （高明义 摄）

江三峡的门户 — 夔门（刘陆久 摄）

庐山云海 （王 璋 摄）

风光秀丽的大宁河
小三峡 （王 璋 摄）

黄山蓬莱仙岛 （王 璋 摄）

洞庭湖畔岳阳楼 （王 璋 摄）

四川乐山大佛 （钟 洁 摄）

巍巍葛洲坝 （王 璋 摄）

古代水利工程 — 都江堰 （王 璋 摄）

序

长江，无论就其总长度、径流总量、流域面积、水力资源蕴藏量及其流域经济开发程度来说，在我国的几大河流中，雄踞首位；在世界诸大河中，饮誉全球！

长江，中华民族的发祥地之一！物华天宝，人杰地灵，她所孕育的古老文明，辉映日月，光耀千秋。

自古以来，长江流域就是人类聚居和活动的重要地区。长江流域丰沛的水资源曾为流域内亿万人民带来生存与发展的物质保障，同时，长江的洪水历来也是中华民族的心腹之患。

中华人民共和国成立以来，党中央即十分重视长江的治理与开发。1950 年组建的长江水利委员会受命专司长江治理开发、长江水资源综合利用规划的重任，至今 50 年矣！半个世纪以来，长江水利委员会的同志们尊重客观、尊重科学、努力开拓、勇于实践，为开发治理建设长江作出了卓越的贡献，取得了辉煌的成就，也积累了丰富的资料。

党的十一届三中全会以来，掀起了建设长江的热潮，党中央先后作出了兴建三峡水利枢纽、开发开放上海浦东、加快建设长江经济带的一系列决策，“长江热”已进一步演化为综合利用长江、系统全方位开发长江流域的宏伟实践。国内外更加关注长江，越来越多的人们渴望更多地了解长江、认识长江。

鉴于上述种种，长江水利委员会有关部门致力于长江知识的普及宣传，策划编写出版《长江400问》一书，希冀藉此让更多的读者，特别是青少年读者熟悉长江地理、历史知识，了解长江流域经济发展状况，瞻望治理开发远景，立志为新世纪的长江发展奉献智慧与力量。

时系三秋，编者索序。念及适逢世纪之交，正值中华人民共和国五十华诞，长江的治理开发事业，任重而道远。广为宣传介绍长江，此乃吾辈之天职，于是欣然命笔。

长江是座博大精深的知识库，《长江400问》只聊涉其一二，疏漏在所难免，不当之处，概希匡正。

黎安田

1999年8月

前言

奔流不息的长江，是中华民族伟大的母亲河。她发源于“世界屋脊”青藏高原的雪山冰川之中，携纳了沿途的百河千川，劈开崇山峻岭，穿越沃野平原，浩浩荡荡，奔流向东。千百年来，长江用其甘美而丰厚的乳汁，哺育了两岸优秀的中华儿女；用其博大深厚的胸怀，孕育了悠远而灿烂的中华文明；汇同其众多的支流像血液般滋养着中华大地。她所流经的地方构成了中国最美丽、最繁荣、最富饶的地区。

遥望这条横贯祖国大地的巨川，您一定会被她气象万千的景色所吸引。然而，对这条神奇而伟大的生命之河，对她辉煌而苦难的历史、沉重而丰富的内涵；对她给予我们的恩泽和带给我们的忧患，以及她美好的发展前景，您究竟知道多少？了解多少？

1998年夏，长江暴发了流域性特大洪水。汹涌的洪水给长江两岸的人民带来了巨大的灾难与痛苦，再一次吹响了综合治理开发长江、保护长江生态资源的进军号角。今天，在党和政府的领导下，一场建设长江、保护长江的壮举正在如火如荼地进行着，而宏伟的三峡工程，则是长江流域综合开发治理的核心。为了让更多的人了解长江，了解她的历史和现在、欢乐和苦难，了解她丰富的水利电力资源蕴藏和在建的世界最大的水利枢纽工程，了解长江曾经遭遇的洪水灾害及长江流域现有的防洪措施，了解千百年来长江两岸英雄的儿女治理长江和改造自然的伟大实践，以及长江流域许许多多引人入胜的自然景观和人文历史景观，我们编制了这本《长江 400 问》。这也是我们作为长江建设者献给长江的一份厚礼。

长江万余里，上下数千年。我们编著的这本《长江 400 问》，虽无法容纳长江漫长的历史和博大精深的内涵，但是我们希望能通过这种通俗易懂的问答方式，从自然地理、历史文化、社会经济、治理开发等方面，向社会各界和关心长江的广大读者全面地介绍长江的有关知识和常识。希望它能成为青少年朋友初识长江的科普读物，能进一步激发他们热爱长江、热爱祖国的热情。

参加本书编写工作的有（以篇章顺序为序）：朱晓红、余力（自然地理篇），郭凯丽、洪卫（文化历史篇），韩玲、王曙光、任兵芳（社会经济篇），彭军、刘联兵、郭娅（治理开发篇）。参加审校的专家有：石铭鼎教授级高工（自然地理篇）、朱汝兰高级记者(文化历史篇)、温强洲研究员(社会经济篇)、洛叙六教授级高工(治理开发篇)。

最后,向关心和帮助过这本书编辑出版工作的朋友表示衷心感谢!

由于编者水平有限,错误和疏忽在所难免,敬请批评指正。

编者

1999 年 9 月

目录

自然地理篇

❶ 长江有多长？它流经哪几个省、市、自治区？ ……… (3)
❷ 长江发源于哪里？ ……………………………………… (3)
❸ 长江的名称有多少？ …………………………………… (4)
❹ 长江流域面积有多大？ ………………………………… (4)
❺ 长江流域与其他水系的分界线是哪里？ …………… (4)
❻ 长江上、中、下游的分界点在哪里？长度分别为多少？ ……………………………………………………… (5)
❼ 长江是怎么形成的？ …………………………………… (5)
❽ 长江流域地势有什么特征？ …………………………… (6)
❾ 长江流域气候的基本特点是什么？ ………………… (7)
❿ 长江有众多的支流，你知道流域面积大于1 000平方公里的支流有多少？大于10万平方公里的有多少？你能说出流域面积最大的支流名称吗？ ……………………………………………………… (7)
⓫ 你知道长江水系的河流分为哪三种类型吗？ ……… (8)
⓬ 长江流域有哪些著名的大山？ ……………………… (8)
⓭ 长江流域的丘陵如何分布？ ………………………… (9)

⓮ 长江流域的高原、平原有哪些? …………………… (9)
⓯ 长江流域的峡谷分布在哪里? 什么峡谷最有名?
…………………………………………………………… (9)
⓰ 长江流域有哪些珍贵的树种? ……………………(10)
⓱ 长江流域有名的动物有多少? ……………………(10)
⓲ 长江水资源居全国七大江河第几位? ……………(11)
⓳ 为什么要南水北调? ………………………………(11)
⓴ 长江从源头到入海口的总落差是多少? 水能蕴藏量有多少? 长江流域可开发的水力资源总装机容量为多少? ………………………………………(11)
㉑ 长江流域地下矿藏多吗? …………………………(12)
㉒ 为什么说"长江流域是中国最重要的农业生产基地和重要的畜牧业生产基地"? ……………………(12)
㉓ 长江流域的渔业怎么样? …………………………(13)
㉔ 长江流域常发生的四大灾害是什么? ……………(13)
㉕ 长江流域的河网结构是什么形状? ………………(13)
㉖ 长江的年入海水量为多少? 在世界上排名第几?
…………………………………………………………(14)
㉗ 长江源头唐古拉山脉各拉丹冬雪山的"各拉丹冬"是藏语的音译,请问原意是什么? ………………(14)
㉘ 长江源头有哪两大奇景? …………………………(14)
㉙ 长江的最初一条大支流叫什么名字? 它有多长? 流域面积多大? 发源地在哪里? …………………(15)
㉚ 长江的最后一条支流叫什么名字? 它有多长? 流域面积多大? 源出哪里? ……………………………(15)
㉛ 长江上最长的支流叫什么名字? 它有多长? 流域面积多大? 源头在哪里? ……………………………(16)

㉜ 长江上水量最丰富的支流叫什么名字？它有多长？流域面积多大？水量多大？源头在哪里？ ………（16）
㉝ 长江支流中流域面积最大的支流叫什么名字？它有多长？流域面积多少？源头在哪里？ ………（16）
㉞ “金沙江”是怎么得名的？ ……………………………（17）
㉟ 金沙江三段河道各有什么特点？ …………………（17）
㊱ 你知道“万里长江第一弯”吗？ ……………………（18）
㊲ 金沙江水能资源有多少？ …………………………（18）
㊳ 川江南北支流为什么不对称？ ……………………（18）
㊴ 长江三峡是哪三峡，有多长，从哪里到哪里？ ……（19）
㊵ 人说西陵航道险，你知道险在哪里？如今情况有什么变化？ ……………………………………………（19）
㊶ 荆江指长江的哪一段？为什么叫荆江？ …………（20）
㊷ 为什么说“长江万里长，险段在荆江”？ …………（20）
㊸ 荆江的“九曲回肠”是怎么回事？是怎么形成的？ ………………………………………………………（21）
㊹ “枝江”是怎样得名的？ ……………………………（22）
㊺ “全楚西塞第一关”在什么地方？是什么样的关？过了此关与上游有什么不同景色？大诗人李白是如何描述的？ …………………………………………（22）
㊻ 为什么长江中下游会形成藕节状河段？它造成的河道形态如何？ …………………………………（22）
㊼ 扬子江如何得名？它指长江的哪一段？ …………（23）
㊽ 长江三角洲是从什么地方开始？河口段又从什么地方开始？ ………………………………………（23）
㊾ 海潮对长江的影响情况如何？ ……………………（24）
㊿ 除江源区外，长江江面最窄处在哪里？江面最宽

处在哪里？ ……………………………………………… (24)
51 影响长江口河道演变的因素有多少？ ………… (24)
52 中国五大淡水湖中有几个在长江流域？"千湖之省"指的哪个省？ ……………………………………… (25)
53 长江流域有几种类型的湖泊？ ………………… (25)
54 滇北黔西高原湖区最大的湖泊是什么湖？ ……… (26)
55 长江中下游地区湖泊为什么会减缩甚至消失？ …(27)
56 一百多年来，"八百里洞庭"为什么缩小了 59%？鄱阳湖又如何呢？ ……………………………… (27)
57 长江流域内最高的山峰在哪里？ ……………… (28)
58 "横断山脉"是怎么得名的？ …………………… (28)
59 长江流域的降水量及其分布有什么特点？ ……… (29)
60 长江中下游的梅雨期在什么时候？ …………… (29)
61 "天漏"在长江流域的什么地方？ ……………… (29)
62 长江流域有几个暴雨区？ ……………………… (30)
63 长江流域"三大火炉"在哪里？夏季气候炎热的原因是什么？ ……………………………………… (30)
64 江源地区有四季吗？它最热的 7 月平均气温是多少？ …………………………………………… (31)
65 云南省丽江玉龙雪山为什么有"一山有四季，十里不同天"的立体气候？ ………………………… (31)
66 长江洪水主要来自哪里？ ……………………… (32)
67 长江流域地震分布特征是什么？ ……………… (32)
68 泥石流形成的条件主要有哪些？有哪些危害？ … (33)
69 长江流域水土流失面积有多大？主要分布在哪些地区？ ……………………………………………… (33)
70 长江流域每年泥土流失有多少？输入海的泥沙有

多少？ …………………………………………………… (34)
71 长江的泥沙主要来自哪些水系？其主要原因是什么？ …………………………………………………… (34)
72 长江会变成第二条黄河吗？ ……………………… (35)
73 什么是"落河田"？落河田分布在长江流域的哪些地方？ …………………………………………………… (35)
74 长江最大的沙洲是哪一个，有多大？ ……………… (36)
75 长江入海泥沙主要流向什么地方？ ……………… (36)
76 珍稀动物金丝猴有哪几种，分布在什么地区？ …… (36)
77 中国特有的珍稀兽类白鳍豚有什么奇特？ ……… (37)
78 扬子鳄与世界上其他鳄鱼有什么不同？国家采取什么措施保护它？ ………………………………… (37)
79 被世界上列为稀有濒种鸟首位的朱鹮现在情况怎样？ …………………………………………………… (38)
80 现存的两栖类动物中体型最大、有动物"黄金"之称的是什么动物，分布在哪里？ …………… (38)
81 哪三种花被誉为"世界三大名花"，它们在哪个地区种类最多？ …………………………………………… (39)
82 长江流域建立了多少自然保护区？保护区类型有哪些？ …………………………………………………… (39)
83 长江流域的"荔乡"在哪里？其荔枝品种有哪些？ …………………………………………………… (40)
84 长江流域有哪些著名的山景？ …………………… (40)
85 长江流域有哪些主要的水景资源？ ……………… (41)
86 你知道通天河的神奇传说吗？ …………………… (42)
87 你知道《西游记》里有关通天河的故事吗？ ……… (42)
88 你知道关于长江第一弯与"虎跳峡"的神话故事吗？

……………………………………………… (43)
89 “大熊猫的故乡”在哪里？ ……………………… (43)
90 九寨沟在哪里？它因何而著名？ ……………… (43)
91 为什么重庆有“雾城”之称？ ………………… (44)
92 你知道四川有一个“一夫当关，万夫莫开”的天下雄关吗？ ……………………………………… (44)
93 层楼飞阁石宝寨在哪儿？ ……………………… (45)
94 你能说出巫山十二峰吗？ ……………………… (46)
95 长江流域出名的小三峡有几个？ ……………… (46)
96 兵书宝剑峡由何而得名？ ……………………… (47)
97 你听说过神农架的“野人”吗？ ……………… (48)
98 “三千三百西江水，自古如今要路津。”是描绘的哪个城市？ ……………………………………… (48)
99 “华中第一峰”在哪里？武当山是什么教的圣地？ ……………………………………………… (49)
100 “白银盘里一青螺”指的哪里？“斑竹”是何由来？ ……………………………………………… (49)
101 为什么说“不识庐山真面目，只缘身在此山中”？ ……………………………………………… (50)
102 “飞流直下三千尺，疑是银河落九天”描述的是哪个景点？ ……………………………………… (50)
103 你知道江西彭泽有个龙宫洞吗？ ……………… (50)
104 你知道安徽宣城龙泉洞吗？ ………………… (51)
105 你知道九华山如何得名的吗？ ……………… (51)
106 你知道“黄山”名称的由来吗？ ……………… (52)
107 “东方的威尼斯”指的是什么地方？ ………… (52)
108 “上海”一名由何而来？ ……………………… (53)

⑩⑨ 长江流域洪水的成因是什么？其特性如何？ ……（53）
⑪⓪ 厄尔尼诺指的是什么？它与长江洪水的产生有什么联系？ ……………………………………（54）

历史文化篇

❶ 世界上首次发现腊玛古猿头骨化石是在什么地方？距今多少年？ ……………………………………（57）
❷ 目前已知的长江流域最早在多少万年以前已有人类活动？ ………………………………………（57）
❸ 元谋猿人是世界上最早使用火的人类。它是什么时候，在什么地方发现的？ ……………………（57）
❹ 长江流域旧石器时代早期、中期和晚期的古人类主要有哪些？ ……………………………………（58）
❺ 郧县猿人遗址在哪里？什么时候发现的？距今多少年？ ………………………………………（58）
❻ 长阳人遗址在哪里？什么时候发现的？距今多少年？ …………………………………………（58）
❼ 资阳人遗址在哪里？什么时候发现的？ …………（59）
❽ 反映新石器时期的长江流域文化主要有哪些？什么时候在什么地方发现？它们各距今多少年？ …（59）
❾ 三星堆遗址在哪里？出土的重要文物有哪些？对研究当时社会有什么价值？ ……………………（59）
❿ 良渚遗址在哪里？属什么时代？距今多少年？ …（60）
⓫ 良渚文化遗址出土文物有陶器、石器和玉器。它们分别用于哪些方面？玉器中较为珍贵的有哪些？ ……………………………………………………（60）

⑫ 河姆渡文化遗址的特征是什么？ …………………… (60)
⑬ 三峡工程坝址中堡岛有哪些历史文化遗址？ …… (61)
⑭ 反映长江流域商周时期青铜器文化主要有哪些？
…………………………………………………………… (61)
⑮ 长江流域发现的第一座商代古城在什么地方？
叫什么名字？距今有多少年？ ……………………… (61)
⑯ 吴城遗址位于何处？有哪些重要发现？ ………… (61)
⑰ 传说炎帝神农的故里在何处？ …………………… (62)
⑱ 神农架在何处，因何得名？ ……………………… (62)
⑲ 在夏代，全国的疆域划分成9个区域，即“九州”。
你知道是哪九州吗？其中哪几个州是长江流经
之地？ …………………………………………………… (62)
⑳ 最原始的船是怎样的？是如何制成的？ ………… (62)
㉑ “望帝春心托杜鹃”源自哪个神话传说？ ………… (63)
㉒ 春秋战国时期楚国是如何扩张势力，成为列强
之一的？ ………………………………………………… (63)
㉓ 楚国是春秋战国时期最大的诸侯国，其疆域最大
时包括哪些地方？建都时间最长的是哪个地方，
历时多少年？ …………………………………………… (64)
㉔ 楚都纪南城外的庄王台是干什么用的？ ………… (64)
㉕ 屈原的故乡在哪里？遭谗免职后流放于哪里？写
下了哪些著名的篇章？ ……………………………… (64)
㉖ “龙舟竞渡”的风俗是怎样演变而来的？ ………… (64)
㉗ 你知道“伯牙断琴谢知音”的故事吗？ …………… (65)
㉘ 植根于长江中下游雄厚经济基础的楚文化大放
异彩，堪与中原文化相媲美，最负盛名的出土
文物有哪些？ …………………………………………… (65)

㉙ 你知道越王勾践卧薪尝胆的故事吗？ …………… (65)
㉚ 越王勾践剑是春秋晚期越国青铜兵器。它在哪里出土？有哪些特点？ ……………………………… (66)
㉛ 随州曾侯乙古墓群出土文物有多少件？其中被称为“世界奇观”的是什么，共多少件？ ………… (66)
㉜ 马王堆汉墓为何震惊世界？ ……………………… (66)
㉝ 迄今发现的年代最早、最轻薄的衣物是哪一件？重量是多少？它是什么时候在哪里发现的？ …… (67)
㉞ 秦始皇两次浮江巡游分别是什么时候？目的是什么？ ………………………………………………… (67)
㉟ 长江流域最早出现的人工运河有哪些？开凿人工运河起到了什么作用，有何意义？ …………… (67)
㊱ 灵渠位于何处？何时开凿？沟通了哪两大水系？ ……………………………………………………… (68)
㊲ 中外闻名的都江堰建在何处？是什么时候修建的？ ……………………………………………………… (68)
㊳ “蜀道难，难于上青天”。你知道古人是如何在峭壁摩云、峰峦叠嶂的崇山峻岭中凿岩铺路的吗？ …… (68)
㊴ 古代僰人葬俗中最奇特的方式是什么？为什么要采取这种形式？有几种安置方法？ …………… (69)
㊵ 汉武帝时，将全国分为十三州，荆州是其中之一。那时荆州的辖境相当于现在哪些地方？州府设在哪里？ ………………………………………………… (69)
㊶ 南京在古代历史上何时第一次成为帝都？有多少个朝代在南京建都？ ……………………………… (69)
㊷ 你知道王昭君的故事吗？ ………………………… (70)

43 诸葛亮曾在何处隐居？你知道“三顾茅芦”的典故吗？……………………………………………………(70)
44 成都武侯祠大门门额上为什么写的是“汉昭烈庙”？……………………………………………………(70)
45 白帝城是如何得名的？为什么又被人誉为诗城？……………………………………………………(71)
46 白帝城内珍藏的历代诗文、碑刻甚多。你知道有多少块碑刻吗？最珍贵的有哪些？ ………………(71)
47 你知道“白帝城刘备托孤”的故事吗？ …………(72)
48 长江流域有几个赤壁？最著名的“文赤壁”和“武赤壁”各在何处？为什么称“文赤壁”和“武赤壁”？……………………………………………………(72)
49 江南三大名楼指的是哪三座楼？它们分别始建于何时？留下了哪些名篇佳作？ ………………(73)
50 武汉有“白云黄鹤”的故乡之美誉。你知道有关黄鹤楼的传说吗？ …………………………………(73)
51 东晋诗人陶渊明的故乡在哪里？被诗人陶渊明描写的具有田园风光的世外桃源在哪里？ …………(74)
52 唐代文成公主远嫁吐蕃，为汉藏经济文化交流起到哪些促进作用？ ………………………………(74)
53 纳西族的故乡在哪里？他们什么时候开始与中原地区有商旅往来？ ………………………………(75)
54 你知道勤劳智慧的纳西族人民用其古老的象形文字，编写了一部什么书？ ………………………(75)
55 中国四大佛教圣地是哪四个？有几个在长江流域？……………………………………………………(75)
56 世界第一大佛位于何处？历时多少年修成？它

有多大？ …………………………………………… (75)
57 "石刻之乡"指的是什么地方？ ………………… (76)
58 你知道"水下碑林"在哪里吗？它在水文学方面有什么价值？ ………………………………………… (76)
59 中国南方"四大丛林"是哪四个？ ……………… (77)
60 唐代中国佛教文化交流的使者是谁？他是哪座寺庙的主持？他是经过多少次东渡才最终到达日本的？ ………………………………………………… (77)
61 "诗仙"李白的故乡在哪里？有哪些遗址？ ……… (77)
62 唐代大诗人李白几过三峡？ ………………………… (78)
63 唐代诗人刘禹锡所著《陋室铭》中的陋室在哪里？ ………………………………………………… (78)
64 "安得广厦千万间，大庇天下寒士俱欢颜"出自杜甫的哪一首名篇？是在什么地方作成的？ ………… (79)
65 你知道三峡的神话传说吗？ ………………………… (79)
66 三游洞在哪里？因何得名？ ………………………… (79)
67 宋代理学中心在哪里？有哪些代表人物？ ……… (80)
68 宋代"四大书院"是哪四个？ ……………………… (80)
69 "梦溪园"是谁的居所？他有哪些著作？ ………… (80)
70 毕昇是哪里人？他发明了什么？ ………………… (81)
71 长江流域至今保存较好的历史古城有哪几座？ … (81)
72 苏州有哪四大名园林？各有哪些特点？ ………… (81)
73 雨花台的名字从何而来？ ………………………… (81)
74 你知道莫愁湖的传说吗？ ………………………… (82)
75 湖南大学校园内的著名书院是哪一个？ ………… (82)
76 "鬼城丰都"是如何得名的？ ……………………… (82)
77 九江市历史最悠久的古迹是什么？ ……………… (83)

78 你知道"瓷都"景德镇的镇名是如何来的吗？它原名叫什么？其产品有哪些特点？著名的四大瓷品是什么？ …………………………………………………… (83)
79 郑和第一次下西洋是哪一年？先后几次下西洋？比哥伦布发现新大陆的航行早多少年？ ……… (83)
80 明代地理学家和旅行家徐霞客是哪里人？他对江源考察后得出了什么重要结论？ ………………… (84)
81 中国古代最大的一部百科全书是哪一朝代的什么书？全书共多少卷，多少字？在何处编成？ …… (84)
82 地震碑林在哪里？ …………………………………… (84)
83 李时珍的家乡在哪里？他写《本草纲目》用了多长时间？ ………………………………………… (84)
84 灵谷寺内的无梁殿有什么特点？ ………………… (85)
85 清代桐城派是怎样的一个文学流派？ ………… (85)
86 泸定桥是现存的著名古老铁索桥。它是哪年修建的？共有多少根铁链？每根铁链重多少？ ……… (85)
87 中国近代历史上第一个不平等条约是什么条约？是什么时候，在什么地方签订的？条约的主要内容是什么？ ……………………………………… (86)
88 焦山摩崖石刻和碑刻中有哪些大书法家的手笔？ …………………………………………………… (86)
89 扬州园林以叠石为胜，其中个园备受游人称道。你知道个园是由谁修建的，有哪些特点吗？ …… (86)
90 何谓"扬州八怪"？ ………………………………… (87)
91 "淮扬二绝"指的是什么？ ………………………… (87)
92 镇江以"三山"的风光闻名。"三山"是哪三座山？各有什么特色？ ………………………………… (87)

93 秋瑾是哪里人？为什么称她为“鉴湖女侠”？ …… (88)
94 鲁迅是我国现代伟大的文学家、思想家和革命家。他的作品中被称为中国现代文学史上杰作的是什么？ …… (88)
95 中国第一个农村革命根据地是什么时候在什么地方创建的？ …… (88)
96 “八一”南昌起义是哪一年发动的？它在中国近代革命史上有何重大意义？ …… (88)
97 为什么说遵义会议成为中国革命从挫折走向胜利的一个伟大转折点？ …… (89)
98 在我国众多的碑林中，有一处独特的碑林，即红军标语碑林。你知道它在什么地方吗？ …… (89)
99 毛泽东主席在《菩萨蛮·黄鹤楼》一词中有“烟雨莽苍苍，龟蛇锁大江”的诗句。其中龟蛇指的是什么？ …… (89)
100 “渡江战役”是什么时候打响的？解放了哪些重要城市？ …… (90)
101 小说《红岩》取材于什么地方的什么历史事件？ …… (90)
102 国务院公布的国家历史文化名城共有多少？长江流域有多少？它们分别是什么城市？ …… (90)

社会经济篇

1 长江流域涵盖了我国 19 个省、市、自治区，你能说出它们的简称吗？ …… (95)
2 长江流域大约有多少人口？聚集了多少个民族？除汉族外，你能举出 5 个人口较多的少数民族吗？

…………………………………………………… (95)
❸ 长江流域有多少座城市？非农业人口在 100 万以上的大城市有哪些？ ………………………… (95)
❹ 我国已发现的年代最早、规模最大的而且保存最好的古铜矿是什么地方的什么矿？属哪个年代？ …………………………………………………… (95)
❺ 水稻的发源地在中国。它是古代农业文明的重要标志之一。你知道水稻起源于哪里吗？ ………… (96)
❻ 迄今发现的最古老粮仓在哪里？ ……………… (96)
❼ 中国历史上最早的成文法典是什么？ ………… (96)
❽ 在古代，长江流域的经济是何时繁荣起来的？什么时候发展成为我国的经济重心？ ……………… (96)
❾ 为什么汉代在长江流域出现了许多贩运巨贾？ … (97)
❿ 我国的资本主义萌芽发端于何处？ …………… (97)
⓫ 长江流域现有耕地多少？全流域粮食产量占全国的比重多大？有哪些重要的粮、棉、油生产基地？ …………………………………………………… (98)
⓬ 在我国 52 种珍贵、稀有、特产动物中，长江流域有多少种？主要珍稀特有动物有哪些？ ………… (98)
⓭ 你知道长江流域有哪些古老珍稀的孑遗植物吗？ …………………………………………………… (98)
⓮ 全国三大林区，长江流域占有两个。你知道是哪两个吗？能否举出一些主要树种？ …………… (98)
⓯ 长江流域工业总产值占全国的比重多大？有哪几大钢铁生产基地？全流域钢产量占全国总产量的多少？ …………………………………………………… (99)
⓰ 在我国已探明的 130 多种矿藏中，长江流域共有 110

多种。你知道驰名世界的“锑都”、“锡都”、“钨都”在哪里吗？ ………………………………(99)
⑰ 长江流域是我国磷矿最集中、最丰富的蕴藏区，其磷矿储量占全国已探明总储量的多少？主要分布在哪几个省份？产量最高的是哪个省？ …………(100)
⑱ 长江流域锰矿储量占全国总储量的多少？储量大于1 000万吨的大型锰矿全国有多少个？长江流域有几个？ ………………………………………………(100)
⑲ 长江流域最大的铁矿区在哪里？ ………………(100)
⑳ 全国8大铜矿基地中，长江流域有几个？它们的储量占长江流域储量的多少？ …………………(100)
㉑ 我国天然气储量最多的省是哪一个？占全国储量的百分比是多少？ ………………………………(101)
㉒ 长江流域可开发的水能资源有多少？ …………(101)
㉓ 金沙江的巨大财富在于它蕴藏着丰富的水力资源。你知道金沙江自青藏高原至四川盆地的落差有多大吗？其水能蕴藏量有多少？占长江流域蕴藏量的比例是多少？ ………………………………(101)
㉔ 中国12个大型水电基地中，长江流域有哪几个？装机容量和年发电量分别占12大基地的多少？ ……………………………………………………(102)
㉕ 长江流域鱼类资源丰富，你知道长江水系有多少种鱼类吗？ ……………………………………(102)
㉖ 长江流域是我国最重要的淡水鱼产地，被称为我国“四大经济鱼类”的是哪几种？ …………(102)
㉗ 世界上现有鲟鱼多少种？我国有多少种？生长在长江流域的是哪几种？ ……………………(102)

㉘ 长江流域鱼类资源保护，采取了哪些措施？ ……（103）
㉙ 为什么说长江是一条“黄金水道”？ ………………（103）
㉚ 长江航运起于何时？ …………………………………（103）
㉛ 宋代的造船工业中心是哪里？造船业对航运发展
有何促进作用？ ………………………………………（104）
㉜ 我国第一台蒸汽机和第一艘机动船是在哪里制造的？
……………………………………………………………（104）
㉝ 长江干流上的对外开放港口有哪些？中国最大的海
港是哪个港？最大的内河港是哪个？ ……………（104）
㉞ 长江水系吞吐量在 1 万吨以上的内河港口有多少个？
吞吐量在 100 万吨以上的重点港口有多少个？
吞吐量在 1 000 万～3 000 万吨的港口有多少个？
……………………………………………………………（104）
㉟ 中国历史上的“四大米市”是哪四个？ …………（105）
㊱ 明末清初，中国的四大名镇是哪四个？ …………（105）
㊲ 武汉素有“九省通衢”之称。你知道这一雅称的来
历吗？ …………………………………………………（105）
㊳ 长江流域有许多各具特色的名城，如山城、江城
等因地理环境而得名。你知道“气城”、“甜城”在哪
里？它们因何而得名？ ……………………………（105）
㊴ 我国“南丝绸之路”起于何处，经过何处，到达何处？
……………………………………………………………（106）
㊵ 第一座跨越长江的大桥是哪一座？万里长江第一桥
是哪座桥？ ……………………………………………（106）
㊶ 长江流域第一条铁路是哪条？目前铁路干线有哪些？
……………………………………………………………（106）
㊷ 长江流域公路密如蛛网，你知道流域内通车里程

有多少公里？有几条国道穿越其间吗？…………（107）
㊸ 长江流域有哪些国家自然保护区被确定为国际“人与生物圈”自然保护区网成员和列入《世界遗产名录》？…………（107）
㊹ 中国第一座国家森林公园是哪个？…………（107）
㊺ 中国第一座亚高山植物园在哪里？园内植物有多少种？…………（108）
㊻ 中国的“国宝”是什么动物？有活化石之称的最古老的动物是什么？现存的体型最大的两栖类动物是什么？…………（108）
㊼ 牦牛为什么被称为“高原之舟”？它还被称为什么？…………（108）
㊽ 被称为松杉类植物“活化石”的是哪几种植物？…………（109）
㊾ 油桐种子是我国特产的木本油料。它在工业上有何使用价值？我国“桐油之都”在哪里？桐油中被誉为“金油”的“金油之乡”是哪里？…………（109）
㊿ “水果之王”指的是哪种水果？全国最大的生产基地在哪里？…………（110）
51 长江流域水果种植业很发达。你能说出几种较为有名的水果名称吗？…………（110）
52 冬虫夏草是一种名贵药材。为什么叫冬虫夏草？它有哪些疗效？…………（110）
53 云南白药有伤科圣药之称。它的配方是谁创制的？主要原料是什么？有什么疗效？…………（111）
54 湖北省蕲春县是明代著名药物学家李时珍的故乡。你知道“蕲春四宝”是哪四宝吗？…………（112）

55 长江流域是我国茶叶的主产区。你能说出几种产于长江流域的名茶吗？ …………………………… (112)
56 中国的名酒中有哪些源于长江流域？ …………… (112)
57 宣纸的生产史有多少年？为什么叫宣纸？ ……… (112)
58 我国“三大名扇”、“四大名绣”分别是什么？ …… (112)
59 “天府之国”指的是什么地方？为什么叫“天府之国”？ ………………………………………………… (113)
60 “陶都”在我国什么地方？陶都“五朵金花”指的是什么？ ………………………………………… (113)
61 绍兴有哪些独具特色的传统工业？有哪些传统名产？ ………………………………………………… (113)
62 安徽铜陵是沿江重要的对外开放口岸，矿产资源丰富。人们说“铜陵虽小，八宝俱全”。你知道是哪八宝？还有哪些矿产资源？ ……………… (114)
63 有“中国的软宝石”之称的“小湖羊皮”产自何处？它还有哪些名优土特产？ …………………… (114)
64 蜡染是我国民间传统纺织印染手工艺制品。长江流域哪些地区的蜡染制品较为著名？ …………… (114)
65 我国最大的盐都在哪里？ ………………………… (115)
66 “恐龙之乡”在哪里？ ……………………………… (115)
67 山羊板皮是制革工业和国防工业的优质原料。我国哪里的山羊板皮被公认为是世界上质量最好的板皮之一？ ……………………………………… (115)
68 有“东海鱼仓”之称的舟山渔场有哪些主要经济鱼类？海水养殖品种有哪些？每年在哪个渔港举办一次“鱼市节”？ ……………………………… (116)
69 镇江香醋有多少年的生产历史？它是如何制成的？

有什么特点？…………………………………………（116）
⑦⓪ 长江流域有哪几个大的药材市场？………………（116）
⑦① “北煤南运”的重要中转港在哪里？………………（117）
⑦② 我国“T”字形生产力总体布局是怎样的？长江在
其中的地位如何？…………………………………（117）
⑦③ 长江经济带基础体系建设包括哪些方面？………（118）
⑦④ 长江产业带包括哪些地区？其经济在全国的占有量
是多少？……………………………………………（118）
⑦⑤ 长江三角洲地区包括哪些省市？…………………（118）
⑦⑥ 长江流域有哪些主要的经济走廊？………………（119）
⑦⑦ 长江沿江六大经济圈是哪些？各自以什么为发展
的重点？……………………………………………（119）
⑦⑧ “长江沿岸中心城市经济协调会”成立于何时？
有多少城市参加？…………………………………（120）
⑦⑨ 在1994年全国10个国民生产总值超过亿元的农
场中，长江流域有多少个？………………………（120）
⑧⓪ 全国52个高新技术产业开发区中，长江流域有多
少个？………………………………………………（120）
⑧① 长江流域交通运输网发展的战略目标是什么？
………………………………………………（121）
⑧② 1984年长江综合开发利用考察提出的建设长江
航运六大工程是哪些？……………………………（121）
⑧③ 我国第一条全部采用国内技术和国产设备建设的
光缆干线是哪一条？………………………………（122）
⑧④ 为什么说长江沿江区域具有建成国际竞争能力的
全国最大规模汽车工业带的支撑条件？…………（122）
⑧⑤ 长江流域2000年前后重大投资项目有哪些？…（123）

86 长江商贸走廊是一个怎样的组织体系？…………（124）
87 上海市的六大支柱产业是什么？它们占全市工业比重的多少？…………（124）
88 我国最大的证券交易所在哪里？首家外汇交易市场在哪里？…………（124）
89 你知道鼎鼎有名的“汉正街”吗？…………（125）
90 沿长江流域的生态农业试点县有多少个？建立这些试点县目标是什么？…………（125）
91 “中华商业第一街”是哪条街？…………（126）
92 扬州为何被称为“建筑之乡”？…………（126）
93 中国名菜系之一的“川菜”有什么特点？…………（127）
94 长江产业带石油运输管道主要是哪几条？…………（127）
95 中国目前对外开放规模较大、自动化程度较高的航天发射场是哪一座？位于什么地方？什么时候修建的？…………（127）
96 你知道江西有一个“鹅鸭工程”吗？…………（127）

治理开发篇

1 孙中山对长江的治理与开发提出了哪些具体规划和设想？…………（131）
2 孙中山先生率先提出兴建三峡工程的设想是什么？…………（131）
3 你知道有关大禹的治江传说吗？…………（132）
4 为什么称张謇为治江先导？…………（132）
5 靖江江岸止坍工程是由清代的哪位皇帝亲自批办的？…………（132）

⑥ "芍陂"是由谁修建的？ …………………………………… (133)
⑦ 中国最早的水利管理制度有哪两部？它们分别是由谁制定的？ …………………………………… (134)
⑧ 中国第一部系统的水利法典是什么时候颁布的？主要内容有哪些？其历史意义是什么？ ………… (134)
⑨《修筑堤防考》是哪个朝代的作品？有何价值？ …………………………………………… (134)
⑩ 近代水利的先驱李仪祉在其《对于治理扬子江之意见》中对于长江的治理提出了哪些主张？ …… (135)
⑪《史记·河渠书》中所说的"西方则通渠汉水云梦之野，东方则通鸿沟江淮之间"指的是哪一时期的两大著名运河工程？ ………………………………… (135)
⑫ 中国历史上与水争地始于何时，盛于何时？其后果如何？ ………………………………………… (136)
⑬ 元明清以来对荆江的治理主张主要有哪几种？ …………………………………………… (136)
⑭ 中国第一所水利高等教育学府是由谁倡议兴办的？ …………………………………………… (137)
⑮ 中国史载最早的水尺是什么？ ………………………… (137)
⑯ 你知道世界上现存最早的水道图吗？ ……………… (138)
⑰ 长江干流最早的河道图出版于哪个朝代？ ……… (138)
⑱ 全国最早设立的近代水位站是哪一年？在哪里？ …………………………………………… (138)
⑲ 中国近代历史上洪水调查最早始于哪里？ ……… (138)
⑳ 长江有历史记载的水灾是开始于哪个朝代？自唐初至清末长江共发生水灾多少次？ ………………… (139)
㉑ 长江流域历史上罕见的一次大洪水发生在哪一年？

灾情如何？…………………………………………（139）
㉒ 历史上的长江干支堤决口有多频繁？…………（139）
㉓ 长江上最早的护岸工程建设始于什么时候？用什么材料修筑的？古代长江流域典型的护岸工程还有哪些？…………………………………………（140）
㉔ 秦国历史上著名的三大水利工程中，长江上有哪两座？…………………………………………（141）
㉕ 都江堰是由谁修建的？其主要包括哪几部分？…………………………………………（141）
㉖ 灵渠是由谁修建的？灵渠的主要作用是什么？…………………………………………（142）
㉗ 都江堰和灵渠的岁修制度是什么？……………（143）
㉘ 荆江大堤始建于哪个朝代？由谁主持修筑的？其历史是怎样演进的？……………………（143）
㉙ 历代人民为什么称荆江大堤为“命堤”？…………（144）
㉚ 被称为“长城后之最大工事”指的是哪一项工程？…………………………………………（144）
㉛ 我国古代最大的陂塘灌溉工程之一——鉴湖是由谁创建的？…………………………………（145）
㉜ 中国最早兴建的水电站是哪一座？………………（145）
㉝ 长江最早修建的一处人工裁弯工程是在何处？…………………………………………（146）
㉞ 长江三峡河段中暗礁险滩的治理历史有多长？最终是如何得以根治的？…………………（146）
㉟ 长江口是指什么？治理长江口的原则和方针是什么？…………………………………………（147）
㊱ 中国历史上最早的“长藤结瓜”式工程出现在哪个

朝代？哪个地区？ ………………………………（147）
37 你知道“红军坝”吗？ ………………………………（148）
38 原长江流域规划办公室主任林一山是怎样从一位党政领导成为一名著名的水利专家？他在何处与毛主席第一次会面并谈及长江水资源问题？ ……（148）
39 周总理早在1958年对长江流域规划工作作了什么指示？ ………………………………（149）
40 1952年毛主席、周总理分别为荆江分洪工程题的词是什么？党中央、国务院提出的治理荆江的方针是什么？ ………………………………（149）
41 20世纪以来长江流域的大洪水主要有哪些？灾情如何？ ………………………………（150）
42 荆江分蓄洪区是哪一年建成的？哪年使用过？ ………………………………（151）
43 什么是蓄洪垦殖区？新中国成立以后长江下游兴建的第一个以蓄洪垦殖为主的综合治理工程是哪一座？发挥了什么作用？ ………………………………（151）
44 长江流域最古老、目前又最广泛采用的防洪工程措施是什么？分布情况如何？ ………………………………（152）
45 新中国成立后，长江的堤防建设规模有多大？堤防在防洪工程系统内发挥什么作用？ ………………………………（153）
46 武汉三大堤防主要指哪三个？汉口堤防中的“张公堤”因何得名？ ………………………………（153）
47 新中国成立以来洞庭湖湖区的防洪措施主要有哪些？ ………………………………（153）
48 在长江中下游的防洪中为什么要对荆江大堤和武汉市予以特别考虑？ ………………………………（154）

㊾ 进一步加高加固荆江大堤，提高荆江河段的行洪水位，加大河道泄量，能够替代三峡工程吗？ …（154）
㊿ 洞庭湖对荆江洪水是否有调蓄作用？其现状和远景如何？ ……（155）
51 何谓分蓄洪区？其作用如何？长江中下游分蓄洪区的防洪有哪些特点？ ……（155）
52 长江流域共规划了多少个分蓄洪区？其现状如何？ ……（156）
53 长江防洪的方针是什么？ ……（157）
54 长江 1954 年洪水与 1998 年洪水有何异同？ ……（157）
55 防汛工作的方针是什么？长江中下游总体防汛任务是什么？ ……（158）
56 1998 年长江大洪水有什么特点？造成 1998 年洪水水位异常的原因是什么？ ……（158）
57 在 1998 年洪水中，有哪些水库起到了重要作用？三峡水库建成后，对长江防洪的能力有何增强？ ……（159）
58 1998 年洪水中，荆江分洪区为什么没有分洪？ ……（160）
59 在 1998 年的抗洪斗争中，人民解放军、武警部队共投入了多少人？动用了多少装备？组织民兵预备役部队多少人？ ……（160）
60 江泽民主席首次授予谁为“抗洪英雄”的光荣称号？ ……（161）
61 毛主席是何年何月何日批准修建葛洲坝工程的？批示的内容是什么？ ……（161）
62 长江干流上兴建的第一座水利枢纽工程是哪一座？

工程规模如何？ …………………………………… (162)
63 葛洲坝工程成功解决了哪些具有国内外先进水平的技术问题？ …………………………………… (163)
64 怎样防止葛洲坝工程坝前库区泥沙淤积对航运的影响？ …………………………………… (163)
65 葛洲坝工程初期暴露出哪些严重问题？对此周总理作了哪些重要决策？ ……………………… (164)
66 我国最大的水利水电工程是哪一座？其工程规模如何？ …………………………………… (164)
67 伟大领袖毛泽东同志是如何描述宏伟三峡工程的前景的？ …………………………………… (165)
68 为什么必须以三峡工程为主体进行流域规划？ …………………………………… (165)
69 三峡水电站建成后，将是世界上第一大水电站吗？ …………………………………… (166)
70 为什么三峡工程坝址线选在三斗坪，而不是美国工程师萨凡奇选定的南津关？ ……………… (167)
71 三峡工程历史洪水是怎样调查出来的？成果准确可靠吗？ …………………………………… (167)
72 什么是百年一遇、千年一遇洪水？三峡工程的这些洪水相对应的洪水流量是多少？ ………… (168)
73 三峡工程大坝、电站厂房等主要枢纽建筑物的设计洪水标准是多少？ ………………………… (169)
74 三峡水库是怎样起到防洪作用的？ ……………… (169)
75 设计三峡工程大坝时是如何考虑战时防空问题的？ …………………………………… (170)
76 三峡工程大坝万一遭受核武器袭击而溃决，水灾

影响范围有多大？ …………………………… (171)
77 三峡水库的“蓄清排浑”是怎么回事？三峡水库能够长期使用下去吗？ …………………………… (172)
78 三峡水库淹没线以下有多少个县城全淹或基本全淹？有多少个县城部分被淹？ ………………………… (173)
79 三峡工程对中华鲟有哪些影响？准备采取哪些对策？ ……………………………………………… (173)
80 南水北调工程的意义和作用是什么？ ………… (174)
81 你了解南水北调中线工程吗？请简述整个工程。 ……………………………………………… (175)
82 南水北调工程共规划了几条调水线路？可以相互代替吗？ ……………………………………… (175)
83 丹江口工程的规模有多大？实施南水北调中线方案时它担任什么角色？ ………………………… (176)
84 长江流域的大型灌区有哪些？ ………………… (177)
85 历史上和新中国成立以后，长江干流河道整治工程是如何开展的？ …………………………… (178)
86 长江上中下游的治理重点各是什么？ ………… (179)
87 新中国成立以来关于洞庭湖治理整治的主要成果有哪些？ ……………………………………… (179)
88 武汉河段进行了哪些整治？ …………………… (180)
89 九江河段进行了哪些整治？ …………………… (181)
90 长江流域水土流失的成因是什么？ …………… (181)
91 长江流域水土保持的重点治理区为何处？ ……… (182)
92 国家批准的“长江中上游防护林体系建设工程”是什么时候开始实施的？完成了哪些治理工程？ …… (183)
参考文献……………………………………………… (184)

长江400问

自然地理篇

❶长江有多长？它流经哪几个省、市、自治区？

长江全长6 300余公里，在世界河流中，仅次于非洲的尼罗河和南美洲的亚马孙河，位居第三。长江从源头蜿蜒曲折自西向东流，干流经过青海、西藏、四川、云南、重庆、湖北、湖南、江西、安徽、江苏、上海等11个省、市、自治区，在崇明岛以东注入东海。

❷长江发源于哪里？

万里长江，源远流长。但是，这条年水量达1万亿立方米的世界巨川，究竟发源于何处？千百年来，众说纷纭。

早在公元前475年至221年的战国时代，中国第一部地理著作《禹贡》曾有“岷山导江”之说。汉代学者认为嘉陵江是长江正源。汉代以后，又把岷江作为长江正源。

近代的地理书上说：“长江亦名扬子江，源出于青海巴颜喀拉山南麓……全长5 800公里，为中国第一巨川。”因黄河源于该山之北，长江源于该山之南，于是便有“江河同源于一山”，长江和黄河是姐妹河的说法。

直到1976年，长江流域规划办公室组织首次江源考察，经过51天的艰苦努力，在海拔5 000余米、严重缺氧、气候恶劣的环境中，深入沼泽、草甸和冰川无人区到达了长江源头，纠正了历史上的谬误。1978年1月13日新华社公布了这一成果，即长江的源头不在巴颜喀拉山南麓，而在唐古拉山脉主峰各拉丹冬雪山西南侧的沱沱河，长江全长不止5 800公里，而是6 300公里，超过美国的密西西比河，为世界第三长河。

❸长江的名称有多少?

长江古名"江",又称"大江",近代不少国家还把整个长江称为"扬子江"。

长江各段名称和别名总计不少于 30 个。一般常用的分段名称有:从江源至当曲口,称"沱沱河",为长江正源;当曲口至青海省玉树县巴塘河口,称"通天河";巴塘河口至四川省宜宾市岷江口,称"金沙江";岷江口至长江入海口,通称"长江"。其中,宜宾至湖北省宜昌段,又称"川江";湖北枝城至湖南城陵矶段,又称"荆江";江西九江附近江段,又称"浔阳江";江苏省仪征、扬州附近,又称"扬子江"。

❹长江流域面积有多大?

长江流域指长江干、支流的集水范围,即集水面积,为 180 万平方公里,占中国陆地总面积的 18.8%,介于东经 90°33′~122°25′、北纬 24°30′~35°45′之间。流域内按行政区划包括青海、四川、云南、贵州、甘肃、陕西、河南、湖北、湖南、广东、江西、安徽、江苏、浙江、福建等 15 个省,西藏、广西 2 个自治区,重庆、上海 2 个直辖市的全部或部分地区。整个轮廓像两端窄、中间宽的菱角形,东西直距3 000公里,南北大部分宽约1 000公里。由于淮河大部分水量通过大运河注入长江,因此,包括淮河流域在内长江流域面积已接近 200 万平方公里。

❺长江流域与其他水系的分界线是哪里?

长江流域的边界线,北以巴颜喀拉山、西倾山、岷山、秦岭、伏牛山、桐柏山、大别山、淮阳丘陵等与黄河和淮河流域为界;南以横断山脉的云岭、大理鸡足山、滇中东西向山岭、乌蒙山、苗岭、南岭等与澜沧江、元江(红河)和珠江流域为界;东南以武夷山、石耳山、黄山、天目山等与闽浙水系为界;长江源头地区的北部以昆仑山与柴达木盆地内陆水系为界,西部以可可西里山、乌兰乌拉山、祖尔肯乌拉山、尕恰迪如岗雪山群与藏北羌塘内陆水系为界,南部以唐古拉山与怒江流域为界;惟长江三角洲北部分界不明显,通常以通扬运河与淮河流域为界;南部沿杭嘉湖平原南侧丘陵与钱塘江流域分界。

❻长江上、中、下游的分界点在哪里？长度分别为多少？

长江按习惯性划分,通常称湖北省宜昌以上为上游,长4 500余公里,约占长江全长的70%;宜昌至江西省湖口为中游,长955公里,约占整个长江全长的15%;湖口以下为下游,长938公里,占整个长江全长的近15%。

❼长江是怎么形成的？

距今2亿年前,长江流域西部的西藏、青海南部、云南西部和中部、贵州西部都是茫茫大海,向西直到欧洲南部,即古地中海,四川盆地和湖北西部是海湾,一直延伸到今日长江三峡的中部。长江中下游的南半部也浸没在海底。

1.8亿年前的印支造山运动,开始出现了昆仑山、可可西里山、巴颜喀拉山和横断山脉,秦岭突起,古地中海西退,长江中下游南半部隆起成为陆地,云贵高原开始呈现。在横断山脉、秦岭和云贵高原之间,是一些断陷盆地与槽状凹地,如云梦泽、巴蜀湖、西昌湖、滇湖等,被一条水系串连着,从东向西,经云南西南部的南涧海峡，流入古地中海。这就是水流流向与今日长江相反的古老长江的雏形。

距今 1.4 亿年的燕山运动，在长江上游形成了唐古拉山脉。青藏高原缓缓抬高，褶皱成许多高山深谷、洼地和裂谷。长江中下游大别山和川鄂间的巫山等山脉隆起，四川盆地拗陷。1 亿年前的白垩纪时，四川盆地缓缓上升，云梦、洞庭盆地下沉。湖北西部的古长江逐渐发育，向四川盆地溯源伸长。

距今3 000万～4 000万年前，发生喜马拉雅运动，青藏高原隆起，长江流域普遍间歇上升，西高东低的地势逐步形成。金沙江两岸高山突起，青藏高原和云贵高原显著抬升，同时形成了一些断陷盆地。原来自北向南流的水系相互归并，顺地势折向东流，长江中下游上升幅度小，形成中、低山和丘陵，有些低凹地带下沉为平原。

距今 300 万年前，喜马拉雅山又强烈隆起，长江流域西部进一步抬高。从湖北伸向四川盆地的古长江溯源侵蚀作用加快，终于切穿巫山，使东西古长江贯通一气，江水浩浩荡荡，注入东海，形成今日之长江。

❽长江流域地势有什么特征?

长江流域地势西高东低并呈现三大阶梯状。

长江横贯的三级阶梯，最高一级阶梯包括青海南部高原、川西高原和横断山脉高山峡谷，面积约601 900平方公里，一般高程在3 500～5 000米。

第二级阶梯包括云贵高原、秦巴山地、四川盆地、鄂黔山地，面积约577 500平方公里，高程在 500～2 000米。

第三级阶梯为长江中下游的丘陵、平原与三角洲，面积约623 800平方公里，高程有 500～1 000 米的丘陵以及 2～150 米的平原。

三级阶梯总落差5 400余米,使长江蕴藏着非常丰富的水力资源。

❾长江流域气候的基本特点是什么?

长江流域西源于青藏高原,东临太平洋,地处亚热带,又有明显的大气环流季节变化,其气候为典型的亚热带季风气候。冬寒夏热、干湿季分明是它的基本特点。

夏季,盛行偏南风,从海洋来的暖湿气流使长江流域温高、湿润、多雨。冬季则盛行偏北风,来自蒙古和西伯利亚的干冷空气控制全流域,天气寒冷、干燥、少雨。当然,长江流域地域辽阔,地理环境复杂,各地气候有明显差异。如江源地区四季如冬,金沙江地区有“一山有四季,十里不同天”的立体气候特征。

❿长江有众多的支流,你知道流域面积大于1 000平方公里的支流有多少?大于10万平方公里的有多少?你能说出流域面积最大的支流名称吗?

长江大小支流多达万条以上,流域面积大于1 000平方公里的有437条,超过3 000平方公里的有170条,超过1万平方公里的有49条,超过5万平方公里的有8条,超过10万平方公里的有4条,其中最大的是嘉陵江,其流域面积达16万平方公里,其次为汉江,流域面积为15.9万平方公里。

⓫你知道长江水系的河流分为哪三种类型吗?

长江水系的河流根据自然特征和经济情况,可分为三种类型:

①峡谷型河流。包括干流金沙江和三峡河段,以及支流雅砻江中下游、岷江上游及其支流大渡河、嘉陵江上游及其支流白龙江、赤水河、乌江、清江、沅江、汉江上游等。其特点是河谷切割较深,落差大,水量丰富,水资源、矿藏和森林资源丰富。但人少,土地利用率低,交通条件差、经济开发程度较低。

②丘陵平原型河流。包括干流四川盆地河段、长江中下游河段,支流岷江中下游,沱江、嘉陵江中下游,资水、湘江、汉江中下游,赣江等。这类河流出自峡谷,流经丘陵与平原,水资源相对减少,人口密集,土地利用率较高,交通便利,经济开发程度较高。

③中下游直接汇入江湖的中小河流。其特点是流域面积小,缺乏水能资源,但耕地面积比重大,人口稠密,农业发达,洪涝灾害比较严重。

⓬长江流域有哪些著名的大山?

长江流域有许多著名的大山。在江源地区,南有唐古拉山,北有昆仑山,西有可可西里山和祖尔肯乌拉山,东有巴颜喀拉山。金沙江上段纵贯横断山区,右岸有宁静山、云岭,左岸有雀儿山、沙鲁里山。雅砻江和大渡河之间有大雪山,大雪山南端的贡嘎山海拔高程达7 556米,是长江流域的最高峰。流域北缘有秦岭、伏牛山延至大别山,流域南缘有南岭、武夷山,北延至黄山;四川盆地西北有岷山、北部有大巴山;滇东有乌蒙山,贵州有大娄山,湘赣有武夷山、雪峰山、罗霄山等。

⑬长江流域的丘陵如何分布?

长江流域的丘陵约占流域面积的13.3%,主要分布于四川盆地、湘中、赣中、皖南等地。四川境内为川中丘陵,湘赣皖一带主要分布在长江以南,统称江南丘陵。

⑭长江流域的高原、平原有哪些?

长江流域的高原分别属于青藏高原和云贵高原。在长江流域内的青藏高原部分,位于青海南部、四川西部与云南西北部,又可称为青南高原和川西高原。

长江流域的平原主要包括长江中下游平原、成都平原及唐白河平原。长江中下游平原指西起宜昌,东到入海口,南抵江南丘陵,北达大别山南麓,东西长2 000公里的不规则条形平原。由两湖平原、鄱阳湖平原、皖中平原及长江三角洲平原组成。另外,在云贵高原一些较大盆地中也有小面积的平原分布。

⑮长江流域的峡谷分布在哪里?什么峡谷最有名?

长江流域的峡谷主要分布于横断山区,四川盆地周围山地,秦巴山地,湘鄂西山地,武夷山南岭山地等处。江南丘陵和四川盆地中也有分布。峡谷规模悬殊很大,短者仅1公里,长者可达数百公里;浅者只有10米,深者达3 000米,大多数呈“V”形峡谷,也有岸壁直立的嶂谷。多数峡谷,纵坡大,水湍急,河床险滩栉比,人烟稀少。峡谷有的雄险,有的壮丽,有的兼而有之。金沙江全长2 308公里,除石鼓、大具、金江街、攀枝花市、三堆子龙街、蒙姑巧家等宽谷外,其余均为深切1 000～2 000米的峡谷,长达2 000公里,特别是大具至金江街峡谷段连绵300公里,大险滩数十处。金沙江上的虎跳峡，长 16 公里，落差 220 米，平均比降达 14‰，峡深3 000 米，谷底最窄谷处仅宽 30 米，险滩紧连，急流飞泻，气势宏伟，世界闻名。

⑯长江流域有哪些珍贵的树种？

长江流域大部分处于中亚热带植被区，介于暖温带和南亚热带之间，并有青藏高原高寒植物和大量垂直地带性植物，所以植物种类极为丰富。在中国植物的3 980个属、近 3 万种种子植物中，长江流域的植物占属的 2/3 和种的 1/2。至今还保存有许多世界著名的古老残存孑遗植物和珍稀树种，如水杉、银杏、珙桐、银杉、百山祖冷杉、鹅掌楸、莲香树等。

⑰长江流域有名的动物有多少？

长江流域在世界大陆动物区系中，分属古北界青藏区、东洋界西南区和东洋界华中区三大区。

古北界青藏区，包括江源地区和川藏滇边区，与高山草甸、高山灌木有关的动物如白唇鹿、藏羚、藏原羚、藏野驴、野牦牛、岩羊、盘羊、雪豹及旱獭、血雉、马鸡、鹈类。

东洋界西南区，北起青海南缘，南至云南北部，包括四川盆地西部。境内多高山峡谷，森林面积大，动物有大熊猫、金丝猴、羚牛及白唇鹿等，此外还有小熊猫、梅花鹿、水鹿、马鹿、石貂、云豹、猕猴、角雉、黑鹤、白腹锦鸡。

东洋界华中区，包括四川盆地以东的长江中下游地区，为丘陵和平原。有白鳍豚、中华鲟、扬子鳄、大鲵、华南虎、麋鹿、金钱豹、穿山甲、猕猴、麝、毛冠鹿，以及丹顶鹤、白鹤、白枕鹤、鸳鸯、小天鹅等。

⑱长江水资源居全国七大江河第几位？

长江水资源居全国七大江河之冠，人均水资源量约2 850立方米（全国人均2 637立方米），平均每公顷耕地占有水资源量180立方米左右（全国平均120立方米）。长江有8条支流（岷江及其支流大渡河、湘江、沅江、赣江、嘉陵江、雅砻江、汉江和乌江）的水资源量超过黄河。

⑲为什么要南水北调？

中国河川年径流量2.71亿立方米，长江流域及其以南的河川径流量占全国80%，而耕地不足全国的40%，每公顷平均水量为全国平均值的1.5～2.5倍。黄河、淮河、海河三大流域的河川径流量不到全国的6.5%，耕地却占全国的40%，每公顷平均水量仅为全国平均值的10%～20%。华北黄、淮、海平原人口密集，经济发达，水资源短缺严重制约着国民经济的发展；西北则是中国严重缺水区，缺水是其经济落后的主要原因之一。长江多年平均径流量9 616亿立方米，枯水年也有7 610亿立方米，在合理开发利用水资源的条件下，长江有富裕水可供北调，以缓解华北和西北水资源困境。

⑳长江从源头到入海口的总落差是多少？水能蕴藏量有多少？长江流域可开发的水力资源总装机容量为多少？

长江从源头到入海口的总落差有5 800多米，比黄河的总落差要大得多，在世界上也是无与伦比的。

长江水能蕴藏量达26 800万千瓦，占中国水能蕴藏量的40%，相当于美国、加拿大、日本三国水能蕴藏量的总和。长江流域可开发的水力资源总装机容量近 2 亿千瓦，占全国的 50% 以上。

㉑长江流域地下矿藏多吗？

长江流域地质条件复杂，成矿条件优越，所以地下矿藏不仅种类多，而且储量大，分布广。既有丰富的黑色金属，又有许多世界闻名的有色金属和磷、硫等化工原料矿产，在全国均占有重要地位。煤炭以贵州西部、云南东部最为集中。石油资源亦有相当储量。

㉒为什么说“长江流域是中国最重要的农业生产基地和重要的畜牧业生产基地”？

长江流域大部分地处亚热带季风区，气候温暖湿润，四季分明，年积温高，农作物生长期长，许多地区雨热同季，农业生产的光、热、水、土条件优越。流域有耕地2 460多万公顷，占全国耕地总面积的 1/4，而农业产值占全国农业总产值的 40%，粮食产量也占全国的 40%，其中水稻产量占全国的 70%，棉花产量占全国的 1/3 以上，油菜籽、芝麻、蚕丝、麻类、茶叶、烟草、水果等经济作物，在全国也占有非常重要的地位。成都平原、江汉平原、洞庭湖区、鄱阳湖区、巢湖地区和太湖地区都是中国主要的商品粮基地。所以，长江流域不愧为中国最主要的农业生产基地。

长江流域西部虽为气候高寒的青藏高原，但草场辽阔，日照充足，温差较大，有利于牧草生长，牧草营养丰富，适口性好，是中国重要的牧区。主要牲畜有藏牦牛、藏绵羊、藏山羊、藏马。而长江中下游则农业发达，养殖业兴旺，四川、湖南、江苏是全国生猪拥有量最多的省份,四川、贵州、上海、湖南每公顷耕地载有生猪量为全国最高的地区,四川的黄牛、水牛等大家畜拥有量居全国之冠。所以说,长江流域又是畜牧业生产的重要基地。

㉓长江流域的渔业怎么样?

长江流域水面宽阔,干支流纵横交织,湖泊、水库、塘堰星罗棋布,饵料充足,所以,长江流域历来是中国淡水鱼的主要生产区,其产量占全国淡水鱼的60%以上。

㉔长江流域常发生的四大灾害是什么?

长江流域存在有四大灾害,那就是洪、涝、旱、血吸虫病。据史书记载,在过去的2 000年间,长江曾发生过200多次大水灾,平均约10年一次,遇到特大洪水,灾区一片汪洋,哀鸿遍野。涝灾,虽然没有洪水凶猛,但是几乎年年有,面积广,持续时间长。旱灾,也时常发生,尤以山区和丘陵地区为重,20天无雨即旱,40天无雨则赤地千里,禾枯苗槁。血吸虫病在200多个县长期流行,1 000万人受感染,1亿人受到威胁,重灾区多在长江中下游平原湖区。新中国成立前,四大灾害给长江流域人民带来了饥饿、疫病和死亡。新中国建立后,经过50年的水利建设,防洪抗旱能力大大增强,血防、水利灭螺持续进行,四大灾害已在很大程度上得到治理。

㉕长江流域的河网结构是什么形状?

长江流域的河网结构,从全流域看,为一巨大的树枝状水系。长江干流从青藏高原腹地至入海口,蜿蜒贯穿中国大陆三级阶梯,浩浩荡荡汇入东海，可以说是大树的主干；众多的支流南北伸展，犹如树枝。从局部地区看，河网形状又各有不同，如江源地区是涡轮状的扇形河网；金沙江和雅砻江的干支流组成羽状河网；嘉陵江是典型的扇形河网；岷江和沱江流进四川盆地时，沿山麓冲积扇向外散流，形成辐射状河网；乌江和湘江的干支流也构成羽状河网，其中乌江的一些支流经潜流发育的岩溶区，局部河段潜入地下，形成断尾河或断头河；长江三角洲和江汉平原，河道交织成网，形成网状河网。

㉖长江的年入海水量为多少？在世界上排名第几？

长江年入海水量近1万亿立方米，是黄河的20倍，占中国所有江河年入海总水量的1/3以上，仅次于南美洲的亚马孙河和非洲的刚果河，排名第三。

㉗长江源头唐古拉山脉各拉丹冬雪山的"各拉丹冬"是藏语的音译，请问原意是什么？

"各拉丹冬"原意是"高高尖尖的山"。各拉丹冬雪山主峰海拔6 621米，山顶如晶莹夺目的冰雕尖塔，雄伟峻峭，高入云端，拔立于雪山群峰之上，景色奇丽，气象万千。

㉘长江源头有哪两大奇景？

江源地区天寒地冻，有万年冰川，又有热气蒸腾的温泉，在景观上，呈现出两大奇景。

①冰塔林。在冰川前缘的冰舌段由于在雪线以下，融溶后，形

成许多奇特的冰塔，组成瑰丽的冰塔林。在阳光映照下，冰塔光怪陆离，形态各异，既有高高耸立，好似擎天玉柱的冰柱；又有那上尖下圆的冰笋；也有横空飞架、下有流水洞穴的冰桥；有的冰塔像直刺蓝天的长矛利剑；有的像亭亭玉立的神女飞仙；有的又像猛兽，似飞禽，真是千奇百态。大自然真是一位能工巧匠，把冰川镂刻成艺术画廊，令人叫绝。

②泉华台。在唐古拉山北麓的温泉区，由泉水蒸发后，矿物质沉积凝结成各种色彩的泉华，泉华经长期堆积形成了美丽奇特的泉华台，其主要颜色为红黄相间。有的泉眼水温达 68℃，多数在 40℃左右，高台上雾气腾腾，几十个泉眼往上翻花，不断发出“咕嘟咕嘟”的响声，其景观十分壮观。有一处泉华堆积成长垄状，叫泉华垄，它长 170 余米，宽 3 米，高 2 米多，像一条棕色的“石龙”，为大自然塑造的又一奇景。

㉙长江的最初一条大支流叫什么名字？它有多长？流域面积多大？发源地在哪里？

长江的最初一条大支流叫“当曲”，又可作为长江“南源”，藏语为“沼泽河”。它是江源地区水量最丰富的河流，全长 357 公里，流域面积 3.02 万平方公里，发源于唐古拉山脉东段的霞舍日阿巴山东麓。

㉚长江的最后一条支流叫什么名字？它有多长？流域面积多大？源出哪里？

长江最后一条支流为“黄浦江”，全长 114 公里，流域面积 3 653平方公里，源出“太湖”。

㉛长江上最长的支流叫什么名字？它有多长？流域面积多大？源头在哪里？

长江上最长的支流叫“汉江”，又名汉水，全长1 577公里，流域面积 15.9 万平方公里，源出陕西省宁强县秦岭南麓，在武汉市注入长江。

㉜长江上水量最丰富的支流叫什么名字？它有多长？流域面积多大？水量多大？源头在哪里？

长江上水量最丰富的支流叫“岷江”，古名“汶江”，又名“都江”，年水量 896 亿立方米，约占宜昌站年水量的 20%。全长 711 公里，流域面积 13.58 万平方公里，总落差4 035米，水能理论蕴藏量4 888.6万千瓦，其中，仅支流大渡河即达3 556万千瓦，超过雅砻江(3 372万千瓦)，为长江流域水能最富的支流。源头有东西两个。东源漳腊河，出松潘县弓杠岭斗鸡台；西源潘州河，出松潘县郎架岭。

㉝长江支流中流域面积最大的支流叫什么名字？它有多长？流域面积多少？源头在哪里？

长江支流中流域面积最大的支流叫“嘉陵江”，古称“白水”、“潜水”、“阆水”、“渝水”。全长1 120公里，流域面积 16 万平方公里。源头有东西两源，东源为正源，出自陕西省凤县秦岭南麓东峪沟；西源名西汉水，出自甘肃省天水市南平南川。

㉞"金沙江"是怎么得名的?

金沙江在历史上名称颇多,有丽水、绳水、泸水、若水、黑水、马湖水、淹水等。而金沙江这个名字在历史上出现较晚,直到宋代,人们发现金沙江有丰富的沙金,一时间出现了许多"沙里淘金"者。金沙江就是由此而得名的。

㉟金沙江三段河道各有什么特点?

从青海省玉树巴塘河口至云南省石鼓为金沙江上段,大部分是四川和西藏的天然界河。河道受地质构造控制,流向多沿南北向大断裂带或与褶皱走向相一致。这段金沙江长 970 公里,江面高程由海拔3 500米急剧降至1 800米,峰谷之间高差达1 000~2 000米,峡谷两侧除在支流河口处因分布着洪积冲积锥,河谷稍宽外,大部分谷坡陡峻,坡度一般在 35~45 度,不少河段为悬崖峭壁,坡度达 60~70 度。奔腾湍急的江水在"V"字形峡谷中发出雷鸣般的咆哮声,平均每公里落差达 2 米左右,谷宽 100~200 米,窄处 50~100 米。

从石鼓至四川省新市镇为中段,金沙江折转于川滇之间,石鼓以下,江水突折向东北,形成"长江第一弯"。然后过虎跳峡,至水落河口,又折向南,至金江街附近,再复东流,至蒙姑以下转向东北,如此数次呈直角甚至锐角折转,直到新市镇。此段长1 200公里,两岸山岭稍低,河谷宽展,河谷形态除个别河段外仍然为雄伟的"V"字形高山深峡,谷宽 150~250 米,水面宽 80~100 米。

新市镇以下,金沙江流进四川盆地为下段,此段长 96 公里。两岸为低山、丘陵和台地,除向家坝两岸山稍高外,一般均在海拔 500 米以下。河谷开阔,谷底宽 200~400 米,江面宽 100~300 米,水流平缓,河床沉积作用已较显著。

㊱你知道“万里长江第一弯”吗？

金沙江像一匹狂放不羁的野马，自北向南奔腾于川、藏边境的沙鲁里山和宁静山之间，到了云南丽江的石鼓镇，突然来了个一百多度的大拐弯，由东南折东北，形成一个奇特的大弯道，即称“长江第一弯”。江水过虎跳峡至水落河口又转向南流，直到金江街附近，才又向东奔去。这一长达370余公里的“A”字形弯道，也非常奇特，因此，可统称为“长江第一弯”。

㊲金沙江水能资源有多少？

金沙江水量丰沛，年平均水量1 450亿立方米，相当于三条黄河，而且水量也比较稳定。金沙江落差又达3 300米，它每向前流1公里，就下降1米多。丰富的水量和巨大的落差，给金沙江带来巨大的水能资源，总蕴藏量达1亿千瓦，占整个长江水能蕴藏总量的43%，为全国的1/6。

㊳川江南北支流为什么不对称？

受构造运动影响，四川盆地向南倾斜，即北高南低，长江干流川江段，流经盆地南缘，北岸的岷江、沱江、嘉陵江诸支流的上游切割盆地边缘山地，进入盆地，其中下游纵贯整个盆地，至盆地南缘入汇干流，因此流程比较长。南岸支流出云贵高原一入盆地，即入汇长江干流，故一般均较短小，只有乌江和赤水河的上中游在云贵高原上伸展较远。故川江南北支流很不对称，属不对称水系。

㊴长江三峡是哪三峡，有多长，从哪里到哪里？

长江三峡西起奉节白帝城，东到宜昌南津关，地跨奉节、巫山、巴东、秭归、宜昌等五县市，全长192公里。它由瞿塘峡、巫峡、西陵峡三段峡谷和介于其间的宽谷组成，故名“三峡”。

瞿塘峡，又名夔峡，从白帝城到巫山县大溪镇，全长8公里，是三峡中最短但又最壮观的一个峡。从西口到东口，全是山势高峻、河道深切的峡谷。

巫峡，西起巫山县大宁河口，东到巴东县官渡口，全长45公里，它是三峡中最长的一个峡，所以又叫大峡，但它最幽深秀丽。

西陵峡，从香溪河口起到南津关止，全长66公里。单从数字上看比巫峡长，实际上它并不是一个首尾贯通的长峡，而是中间还有一段长31公里的宽谷。此峡分为东西两段，西段有兵书宝剑峡、牛肝马肺峡和崆岭峡；东段有灯影峡和黄猫峡、宜昌峡。西陵峡滩多水险。

三峡河段的宽谷有：瞿塘峡与巫峡间的大宁河宽谷，巫峡与西陵峡间的香溪宽谷和西陵峡东西两段之间的庙南宽谷，三峡水利枢纽工程即建在庙南宽谷中的三斗坪附近。宽谷两岸是主要的农业区。

㊵人说西陵航道险，你知道险在哪里？如今情况有什么变化？

西陵航道险，险在险滩和泡漩。

“西陵滩如竹节稠，滩滩都是鬼见愁。”三峡的险滩很多，最有名的三处，除泄滩在香溪宽谷内，新滩和崆岭滩都在西陵峡内。

新滩是最有名的枯水滩。峡谷两岸山岩多次崩塌，每崩塌一次就形成一处新险滩，木船下滩，稍有差池，就会触礁沉没。

“新滩泄滩不算滩，崆岭才是鬼门关。”崆岭滩是个洪水滩，大水时它兴风作浪。该险滩由俗称大珠、头珠、二珠和三珠等四处礁石形成。大珠是一个长220米、宽40米、高15米的石梁，活像一条大鲨鱼纵卧江心，把本来很窄的峡江分为南北两槽；其他三个珠呈“品”字形潜伏在大珠的两个槽口上。船到这里，船工要有高超的驾船技术，胆大心细，才能化险为夷，否则就会船毁人亡。

西陵航运，不光滩多，还有泡漩。水激往上冲，像开锅水似的沸腾，叫泡；水流由外向内回转，中心形成陷涡，叫漩。泡漩是两种不同的流态，但又是伴随而生，这种泡漩，连轮船都要回避，更不要说木船。

葛洲坝水利枢纽兴建后，水库回水已将西陵峡中的险滩淹没，船舟航行有了安全保障。

㊶荆江指长江的哪一段？为什么叫荆江？

从湖北省枝城到湖南省岳阳城陵矶的长江江段又叫荆江，全长350公里。其中以湖北省公安县藕池口为界，分为上荆江和下荆江。

此段所以叫荆江，通常认为是因为它流经古荆州地区而得名的，其实并不尽然。这一带方圆几百里内还有好几处带“荆”字头的地名，有的比荆州的资格老得多。其实，不论是荆门县、荆门山，还是荆江和荆州，都是由荆山派生而来。在历史上楚国素有“荆楚”之称，出于这个缘故，此段即叫荆江。

㊷为什么说“长江万里长，险段在荆江”？

由于荆江河弯异常弯曲，比降小，水流慢，长江从上游挟带来的泥沙,每年在此大量沉积,使河床逐渐淤高。通洞庭湖的松滋口、太平口、藕池口三口洪道(调弦口已堵塞),分流量也不断减少。因此,荆江分、泄洪能力日趋降低,洪水位有所抬升。目前,荆江和入洞庭湖的三口洪道,仅能安全通过流量6万立方米每秒,而汛期来自宜昌以上的洪水,自19世纪以来,流量超过6万立方米每秒的洪水已有25次。据调查,1870年洪峰流量更达10.5万立方米每秒。荆江无法安全宣泄如此大的洪水。荆江大堤一旦溃决,两岸地势低洼的两湖平原尽成泽国,洪水还将直接危及武汉安全,故曰“长江万里长,险段在荆江”。

㊸荆江的“九曲回肠”是怎么回事?是怎么形成的?

荆江的下荆江河段弯道特多。从藕池口到城陵矶的240公里河道,直线距离只有80公里,江水在这里绕了16个大弯,迂回曲折,故称“九曲回肠”。如石首县境内的一处大弯道上,有两个村子,一个在上游,一个在下游,走水路长达30公里,而两个村子直线距离却不过1公里,可见河道的弯曲程度!

下荆江河曲的形成有三个原因:①此处河谷上部为黏土层,牢固、耐冲刷,致使河床断面较窄,而河谷下部为细沙层,沙层顶板又超出枯水位,故极易发生强烈的岸崩,对形成半径较小的稳定河曲十分有利。②汛期大量洪水和泥沙经上荆江三口分流入洞庭湖,使下荆江年内和年际流量变幅小;又受城陵矶出湖流量的回水顶托影响,使下荆江比降平缓、稳定,水流切滩作用减小,有利于曲流的发展。③堵塞了沿江堤防分流穴口,限制河曲带的宽度,增大了流量,也促进了河湾发育。

44“枝江”是怎样得名的？

在枝城至藕池口之间的上荆江河段，河道弯曲并呈周期性展宽，属一般性弯曲型河道。河道中分布着众多的心滩和江心洲，显示分汊型河床特色，“枝江”因此而得名。

45“全楚西塞第一关”在什么地方？是什么样的关？过了此关与上游有什么不同景色？大诗人李白是如何描述的？

“全楚西塞第一关”在湖北宜都（今枝城市）附近。长江水流出南津关，进入中游，尽管两岸仍有绵延不断的山丘，但已没有三峡河段两岸的山那么高峻，江面也宽阔多了。可是快到宜都时，两岸低缓的山还不甘心从此消逝，又突然昂首而立，紧束江流，变成峭壁急流的峡谷，那就是由荆门山和虎门山对峙形成的“全楚西塞第一关”。

过了此关，长江的景色才和上游迥然不同，再也看不到急流险滩和绝壁峡谷，呈现在眼前的是浩瀚的江流和无边的两湖平原。

大诗人李白在《渡荆门送别》中写道：“渡远荆门外，来从楚国游。山随平野尽，江入大荒流。”长江这种山原分野的地理形势，被李白描绘得惟妙惟肖。

46为什么长江中下游会形成藕节状河段？它造成的河道形态如何？

从湖南城陵矶到江苏江阴的长江中下游大部分河段，由于江边有各种“矶头”103个（72个分布在右岸），这些坚实的临江山丘大多相隔10～20公里，成为控制河床变化的“节点”。当岸边有矶头“节点”时，河床紧束，江水汇成一股；越过矶头，河床展宽，江心洲滩出露，水流分汊。如此一束一放，宽狭相间，即形成藕节状河道。

凡河床两岸有基岩“节点”存在时，河道较窄，一方面对上游起壅水作用，引起泥沙落淤，出现心滩和江心洲。另一方面对其下游则因河床突然放宽，水流散射，流速减缓，泥沙同样易淤成心滩或江心洲。

由于长江右岸丘陵较多，形成矶头“节点”，而左岸大部分为冲积平原，故右岸比较稳定，在“节点”挑流影响下，河床向左岸展宽，汊弯向疏松的冲积层推移，结果会弯转成鹅头形，又成为长江中下游城陵矶以下河段一种特殊的汊河形态。

47扬子江如何得名？它指长江的哪一段？

江苏省仪征、扬州市一带的长江河段，古称扬子江，因扬子津及扬子县而得名。早在隋代，扬州地区已有扬子津、扬子桥等地名。扬子津为古津渡名，位于今扬州市南，古时可由此南渡京口(即今镇江市)，为江滨要津。隋炀帝曾临此津，寻置扬子宫，在今扬州南二十里，后名扬子镇，在今仪征境内。到宋代，扬子江之名已散见诗文中，如“闲观扬子江心浪，静听金山寺里钟。”帝国主义入侵长江，先进入下游扬子江段，扬子江一名就被泛指整个长江了。

48长江三角洲是从什么地方开始？河口段又从什么地方开始？

长江流过江苏镇江，开始进入长江三角洲，长江三角洲西起镇江，东临东海，北至通扬运河，南抵杭州湾，包括江苏、浙江两省部分地区和上海市，面积5万平方公里。

长江自江苏江阴以下为河口段，江阴附近江面宽1.4公里，至崇明岛以东，北起苏北嘴、南至南汇嘴之间的长江口，宽达91公里。

㊾海潮对长江的影响情况如何？

长江口潮汐属半日周期，平均潮周期为12时25分，影响范围甚远。

汛期，潮流可至江阴，江阴以下为潮流河段。枯季，潮流可达镇江附近。

江阴以上为感潮河段，汛期影响到安徽大通，枯季可达安徽安庆。

河口潮差自上而下逐渐增大，南京多年平均潮差0.66米，江阴为1.63米，吴淞口达3.0米以上。南槽中浚最大潮差为4.62米，北支青龙港最大潮差为4.18米。

㊿除江源区外，长江江面最窄处在哪里？江面最宽处在哪里？

除了江源区外，长江江面最窄处在金沙江虎跳峡，江面宽只有30多米；长江江面最宽的地方是长江口，宽达91公里。

51影响长江口河道演变的因素有多少？

长江河口段，江流浩荡，河床比降甚小（镇江至河口平均比降仅0.005‰），流速平缓；加上受海潮顶托的影响，长江从上游挟带来的大量泥沙在河口附近形成沙洲和沙坝,在两岸形成沙嘴。

河口沙洲的出现,使河道分汊,受地转偏向力的影响,长江主流往右偏移,使南汊道刷深、扩宽,呈发展趋势;北汊则日渐淤浅、束窄,呈衰退趋势。

事实上,影响长江口河道演变的因素十分复杂,除上述受地球自转影响主流右偏外,径流、海潮、泥沙的相互作用,及由此引起的局部河床冲淤变化等,均会导致长江口河道的演变。

52 中国五大淡水湖中有几个在长江流域?“千湖之省”指的哪个省?

长江流域湖泊众多,平原和高原地区均有分布。平原地区的湖泊都是淡水湖,总面积约为 2.2 万平方公里。全国五大淡水湖中,长江流域占四个,即第一大淡水湖鄱阳湖,聚纳赣江、抚河、信江、鄱江、修水五条河流的来水,烟波浩渺,枯水期面积达3 500多平方公里,汛期湖面可达5 000平方公里;第二大淡水湖是号称“八百里洞庭”的洞庭湖,调蓄湘江、资水、沅江、澧水四水,吞吐长江;第三大淡水湖是太湖,第五大淡水湖为安徽的巢湖(淮河流域的洪泽湖为第四大淡水湖)。此外,还有著名的云南昆明滇池、湖北的洪湖等。

湖北省的湖泊数量多而集中,形成了湖泊群,素有“千湖之省”的称谓。

53 长江流域有几种类型的湖泊?

长江流域的湖泊按成因可分为多种类型:

①构造湖(断陷湖)。因地壳构造运动产生凹陷而形成的,如

云南的滇池、程海等。

②堰塞湖。因地震、山崩河道被阻塞而形成的，如四川岷江上游的大小海子、凉山彝族自治州雷波县境内的马湖等。

③冰川湖。因冰川磨蚀和冰碛物堆积作用，产生洼地积水而形成的，如江源冰川附近的湖泊。

④岩溶湖。因地表水和地下水对石灰岩等可溶性岩石的溶蚀作用而形成的，如贵州威宁的草海。

⑤牛轭湖。因平原河流弯曲、改道、裁弯取直，泥沙淤塞了原有河道进出口而形成牛轭状弯曲的湖泊，如荆江两岸的许多湖泊。

⑥泄湖。因河口海岸泥沙沉积，沙嘴和沙洲延展，使浅水海湾与海洋隔离而成湖泊，如杭州西湖。

按湖泊和河流的关系，可把长江流域的湖泊分为吞吐湖和非吞吐湖两类。吞吐湖既能蓄纳江水，又可以把湖水排入江河，对江河水量起着天然的调蓄作用，如洞庭湖和鄱阳湖。非吞吐湖又有两种，一种是以湖水流入江河为主，另一种是河水注入洼地形成内湖，不通江河。前者多位于江河源头，成为江河的补给水源；后者多位于长江中下游地区，由于泥沙淤积，人为围垦或有闸坝控制而与长江隔绝。

按湖泊矿化度的大小，湖泊又有淡水湖、咸水湖和盐湖之分。淡水湖的湖水矿化度小于1克/升，长江流域大部分湖泊均属此类。咸水湖的湖水矿化度为1～35克/升，这类湖泊集中于江源地区。咸水湖再进一步蒸发、浓缩，湖面收缩、盐分集中，又演变为盐湖。

54 滇北黔西高原湖区最大的湖泊是什么湖？

滇北黔西高原湖区湖泊总面积500平方公里，占长江流域湖泊总面积的3%左右,其中最大的湖是滇池。

滇池位于云南省昆明市区西南,面积297平方公里,水面高程1 885米,最深6米。

55长江中下游地区湖泊为什么会减缩甚至消失?

长江中下游地区湖泊的不断减缩,一个原因是江河泥沙的自然淤积,另一个重要的原因是伴随着人口的增加,人为盲目围垦,与水争地,加速了湖泊的削减。据不完全统计,1949年长江中下游地区湖泊面积25 828平方公里,而到1977年仅有14 073平方公里,面积缩减45.5%,由于泥沙淤积使湖底增高,容积缩减50%以上。

近30年来,仅湖南、湖北、江西、安徽、江苏五省围垦湖泊面积达1.2万平方公里左右,比现在的4个洞庭湖还大。被誉为"千湖之省"的湖北省,江汉平原上湖泊数由1949年的609个减少到目前的不到300个。

长江中下游地区的湖泊对长江起着天然调蓄作用,湖泊的缩减也使调蓄作用缩减。近年来长江洪灾加剧,在相当程度上与湖泊的调蓄能力缩减有关。盲目围垦,与水争地不可取,否则就会受到大自然的惩罚。

56一百多年来,"八百里洞庭"为什么缩小了59%?鄱阳湖又如何呢?

清代中叶,洞庭湖面积达6 000多平方公里,著名的"八百里洞庭"是中国第一大淡水湖。此后,水域不停地受到泥沙的侵犯,20世纪60年代以来,每年经荆江"三口"(松滋、太平、藕池)入湖泥沙约12 300万吨，经“四水”（湘江、资水、沅江、澧水）入湖泥沙为3 460万吨，合计15 800万吨。而在出口城陵矶流回长江的泥沙仅为3 800万吨，湖区每年淤积12 000万吨，上百年的淤积，其严重程度可想而知。加上人为的筑堤围垦影响，结果洞庭湖已缩至2 820平方公里了。

鄱阳湖，原来比洞庭湖小，是中国第二大淡水湖。由于洞庭湖受长期的泥沙淤积和围垦影响，湖面由6 000平方公里逐渐缩减至如今的2 820平方公里，结果鄱阳湖成了中国第一大淡水湖。

由于鄱阳湖的平时水位高于长江，长江水进不了鄱阳湖，汛期长江水位增高，江水倒灌入湖，可吞吐部分洪水，所以长江泥沙进入鄱阳湖的很少，而鄱阳湖主要对“五水”（赣江、抚河、信江、饶河即鄱江、修水）起调蓄作用。因此，鄱阳湖主要受“五水”的泥沙淤积和人为的围垦影响，湖面也从 1954 年的5 100平方公里减小到目前枯季不足4 000平方公里了。

㊼长江流域内最高的山峰在哪里？

长江流域内最高的山峰是贡嘎山，又称贡噶山。藏语“贡”意为“至高无上”，“嘎”意“雪白”。贡嘎山在四川省西部康定县南约80 公里，为大雪山脉主峰，海拔达7 556米，又有“蜀山之王”之称。

㊽“横断山脉”是怎么得名的？

在青藏大高原的东南部，川藏滇三省（自治区）接壤地带，金沙江及其最大支流雅砻江和澜沧江、怒江等四条大河被其间的沙鲁里山、宁静山、他念他翁山等高山分别紧束，平行南流，形成了高山深谷相间如锯齿，江河并肩齐向南的独特地理单元。这就是闻名于世的横断山区。横断山区地形起伏悬殊，人们形容为“上山入云间，下山到河边，两山能对话，握手得一天”。因此，东西向交通被“横断”阻隔，“横断山脉”即由此而得名。

59 长江流域的降水量及其分布有什么特点？

长江流域多年平均降水量近1 100毫米，高于全国年降水量(650 毫米)40％，仅低于华南沿海地区。雨季从 4 月至 10 月，长达 7 个月，其降水量可占全年降水量的 85％左右。其降水量总趋势是从东向西逐渐减少，由南向北逐渐递减。

60 长江中下游的梅雨期在什么时候？

每年 6～7 月有一段连阴雨的时期，降水量大，降水次数频繁，温高、湿重、多云、风力弱。这就是长江中下游的梅雨期。因正值江南梅子黄熟季节而得此名。由于多雨、阴湿，物体极易霉烂，因而俗称“霉雨期”。梅雨期是东亚地区特有的天气现象。梅雨雨带从长江中下游向东延伸到朝鲜半岛和日本南部，雨带长度达千余公里，呈东西向带状分布。

61 “天漏”在长江流域的什么地方？

在四川省西部雅安、峨眉山地区，雨水多，降雨连绵不断，多年平均降雨日数达 219～264 天，是中国降雨日最多的地方。若以年雨时表示，雅安一年中降雨历时平均达2 379小时，平均每日有 6 小时半下雨；峨眉山平均每年有4 144小时下雨，平均每日有 11 小时 20 分钟下雨，真像天破雨漏一般，故名“西蜀天漏”。

㉒长江流域有几个暴雨区？

长江流域暴雨区较多，特大的有五个。第一大暴雨区是赣北、皖南、鄂南暴雨区。该地区以江西省环玉山为中心，向东扩展到安徽省黄山一带，向西扩展到赣鄂交界的幕阜山地。其中有两个暴雨中心区，一个位于黄山，多年平均暴雨日数达到8.9天，1973年出现过17天暴雨。另一个位于幕阜山地。第二大暴雨区是川西暴雨区，在四川盆地向川西高原的过渡地带，从雅安、峨眉到涪江上游的北川、安县一带。也有两个暴雨中心区，一个是峨眉山到雅安一带，另一个是北川、安县一带。第三大暴雨区是湘西、鄂西南暴雨区。位于长江支流清江流域到洞庭湖水系澧水中上游一带。第四大暴雨区是大巴山暴雨区，在大巴山南坡四川万源至巫溪一带。第五大暴雨区是大别山暴雨区，在大别山的西南坡。

㉓长江流域“三大火炉”在哪里？夏季气候炎热的原因是什么？

长江上游的重庆、中游的武汉、下游的南京，俗称长江流域的“三大火炉”。所以称“火炉城”是因其盛夏高温炎热，而且时间持续长。据统计，年最高气温高于37℃以上的酷暑天数可达3～14天之多。1934年是长江流域有纪录以来气温最高、伏旱最严重的年份之一。该年重庆日极端最高气温达44℃，汉口为41.3℃，南京为43℃。

上述火炉城炎热的原因是：①深入内陆，海陆风调节循环作用小，7、8月份正值伏旱，大地被晒得滚烫，气温急剧上升。②周围水域广阔，江河湖渠交织，蒸发量大，空气中水汽多，湿度大，人体不能借汗水散发消减热量，因而感到异常闷热。③盛夏季节长江中下游处于副热带高压控制之下，风力小，更觉炎热。

其实,除“三大火炉”外,北纬25°～30°的长江中下游地区都处于这一高温大“火炉”之中。如江西吉安县就曾出现过全流域最高气温47.2℃,长沙、南昌等地,也是十分炎热的地方。

64 江源地区有四季吗?它最热的7月平均气温是多少?

位于青藏高原腹地的江源地区,属于高原上地势最高的部分,地面海拔达4 500～5 000米,由于地势高耸,空气稀薄,南北唐古拉山脉和昆仑山脉对峙,地形呈半封闭状态,地表广布着深厚的永久冻土,夏季冰雪不断,夜间气温降至0℃以下,最热的7月平均气温也只有7.6℃,所以是四季如冬的地方。

65 云南省丽江玉龙雪山为什么有“一山有四季,十里不同天”的立体气候?

玉龙雪山所处纬度较低,在北纬27°～27°30′附近,而海拔达5 596米,气候随着地势而变化,呈现着从亚热带到寒带的不同自然景色。山脚下的河谷地带,四季如春,生长着亚热带植物和水稻、油菜,处处飘香;山坡上,是适宜于温带气候生长的松杉林,松涛起伏,林海茫茫;再向上,盛开的杜鹃花,五彩缤纷,群芳荟萃;再攀临5 000米以上的雪峰,真是“高处不胜寒”。这上面还能有植物吗?有,一丛丛雪莲花正在风雪中盛开。无怪人们说,从玉龙山顶到山下,包含着寒带、温带、亚热带三种气候。这就是玉龙山“一山有四季,十里不同天”的奇景。假如你从山脚直登山顶,那么,你会随着自身的不断上升,不但能够感受到春夏秋冬的变化,而且还可以饱享眼福,看到春华、秋实、冰雪和百花织成的锦绣天地。

类似玉龙雪山的立体气候,在金沙江两岸山地普遍存在,只不过不及玉龙雪山那么典型罢了。

⑥⑥长江洪水主要来自哪里?

长江洪水主要来自上游川江的四大支流岷江、沱江、嘉陵江和乌江。四川屏山至宜昌区间承纳川江各支流和干流金沙江的来水,其年径流量占宜昌的68%,汛期所占的比重更大。长江历史上许多洪水的形成多与川江洪水有关,川江几条大支流由于处于暴雨集中地区,猛涨的洪水常造成长江中下游洪水灾害。每当川江支流洪水与金沙江洪水相遇,或前者洪峰特大,后者底水偏丰,宜昌河段就会出现特大洪峰,给长江中下游带来严重威胁。

⑥⑦长江流域地震分布特征是什么?

长江流域地震活动的特点是西部强烈、频度高,中部、东部弱,而且频度很低。自有记载以来至1985年底,全流域共发生5级以上地震323次,其中西部陇南、川西、滇西北地区为248次,占76.8%;中部、东部分别为38次和37次,各占11.8%和11.4%。如以全流域发生的100次6级以上地震而论,则90%以上发生在西部,东部约占8%,中部仅占2%。地带性非常明显。

西部地区:地震强度大,频度高,流域内曾发生过的20次7级以上地震全部发生在本区内,6.0~6.9级地震占全流域的87%,5.0~5.9级地震占流域的70%。强震的空间分布,主要按南北、北北西北西、北北东北东三个方向成带性出现,基本与小江、安宁河、金沙江、炉霍康定、岷江、玛沁略阳、龙门山等断裂带展布方向一致。

中部地区:总体上地震活动弱,频度低,属弱震区。历史上曾发生过6.25级、6.5级地震两次，主要分布在石泉安康、黔江咸丰断裂带上。

东部地区：地震活动性比中部稍强，至1985年底共发生6级以上地震8次，最大震级为6.5级（河南南阳，公元1946年10月23日），主要分布于郯庐、茅山、镇江溧阳、麻城团风、邵武河源等断裂带上。

68 泥石流形成的条件主要有哪些？有哪些危害？

泥石流形成条件主要有：①在山地溪流的坡地或河床内有数量足够的岩石风化坡积物（泥石流固相物质）；②具有足够的水体；③有切割强烈的山地地貌，即坡地和河床纵坡陡峻。

在长江干支流上游广大地区都有形成泥石流的上述地质、水文与地貌条件。因此，泥石流灾害的发生频繁而广泛。

在古代，称泥石流的发生为“出蛟”、“见龙”，有传说中说“巫山龙斗，壅江不流”。

泥石流造成的危害有：①堵塞河道，使下游断流，上游河水位上涨。②使河床迅速淤高。③使河流弯道处波峰爬高，如1981年7月9日四川凉山州甘洛县利子依达泥石流，使河流弯道处波峰爬高5～17米，酿成巨大灾害。④使河水壅塞，形成新的湖泊，如1985年5月4日，四川阿坝州理县杂谷脑河支沟日底塞沟发生泥石流，冲出固体物质3万立方米，使河水壅塞，形成蓄水11万立方米的海子，淹没成都至阿坝的公路，同时严重威胁着理县县城的安全。

69 长江流域水土流失面积有多大？主要分布在哪些地区？

长江流域水土流失面积56.2万平方公里，占流域土地总面积的31.2%。根据水土流失量可分为强度流失区、中度流失区、轻度流失区和微度流失区4种。强度流失区主要分布在嘉陵江上游西汉水、白龙江中下游土石山区和金沙江下游中山区峡谷。中度流失区主要分布在:①四川盆地丘陵区;②川东、鄂西、三峡区;③四川盆地南部山地区;④滇东、黔西高原中山区;⑤秦巴山地区;⑥鄂西北山地丘陵区;⑦湘西武陵山地区;⑧淮阳丘陵山地区;⑨湘赣丘陵区。

⑩长江流域每年泥土流失有多少?输入海的泥沙有多少?

长江流域泥土流失总量为22.39亿吨。由于长江水量丰富,故长江含沙量不大,每立方米江水中含沙量不足1公斤,而黄河下游利津一带所测含沙量每立方米则多达25.6公斤。但由于长江水量大,年入海沙量仍接近5亿吨,相当于黄河入海沙量11亿吨的45%。

⑪长江的泥沙主要来自哪些水系?其主要原因是什么?

长江的泥沙来源,上游主要来自金沙江和嘉陵江,而中游主要来自洞庭湖水系和汉江。

金沙江泥沙主要来自雅砻江及攀枝花至屏山间的干支流上。这一带地形起伏急剧,河流切割较深,地表以变质岩、玄武岩、砂页岩为主,岩层破碎,风化强烈,地震频繁,时常发生崩坍滑坡。此外,本区植被覆盖率较低,耕作粗放,并有相当数量的轮休地,雨量也丰富,是中国泥石流高发区之一。

嘉陵江泥沙主要来源于上游干流及支流西汉水、白龙江。这里地处川、甘两省接壤带,年降水量为500~700毫米,是少雨区,气候干燥，植被覆盖率低，尤其是甘肃礼县、西和县，为黄土梁沟壑区，坡耕地多，水土流失严重。

⑫长江会变成第二条黄河吗？

近些年来，由于人口增加，垦殖面积不断扩大，加上森林采伐过量，水土流失严重，使有些人担心“长江会变成第二条黄河吗？”实际上是不会的。因为根据近30余年的泥沙实测结果，长江泥沙含量基本是稳定的，并无明显变化。长江泥沙变化所以能保持稳定，其主要原因是：形成河流泥沙的气候、地质、植被、土壤等最基本的因素，从宏观上讲并无变化。人类活动目前尚难以改变长江流域或一条支流的地理环境。长江流域大部分地区降水充沛，气候温和，有利植物生长；在采伐过度的林区，因草本植物和灌木生长迅速，植被破坏得到补偿；丘陵地区多梯田和稻田，可以截留大量泥沙，能流失的表土层就十分有限。所以，只要长江流域固有的地理特征没有根本改变，长江就不会变成“石水六斗泥”的黄河。

⑬什么是“落河田”？落河田分布在长江流域的哪些地方？

长江流域降水量大，侵蚀力强，当地表植被破坏时，泥沙随径流下泄淤积在河道中，使河床抬高，结果河两岸的农田变成比水面低的“落河田”。长江流域“落河田”分布较广，且有小支流两岸多、大河大江两岸少的分布特点。云南、甘肃、陕西、四川、湖南、湖北、安徽、江西等省都有一定的面积，如江西赣州地区就有落河田4万公顷左右。落河田地下水位高，易遭洪涝，应采取在上游地区开展水土保持治理、整理疏浚河道、降低河床、改善田面排水渠道等措施治理。

⑭长江最大的沙洲是哪一个，有多大？

长江从上游挟带来的大量泥沙，在江心和河口附近形成无数的沙洲和沙坝，最大的沙洲是河口的崇明岛。崇明岛已成为中国第三大岛，面积达1 083平方公里。

⑮长江入海泥沙主要流向什么地方？

长江入海泥沙的60%左右在长江口门外向东扩散，扩散范围一般限于东经123°以西，相应水深50米左右。长江三角洲自全新世以来，平均每年向海推进40米。另外，20%～25%的泥沙沿海岸向南运移，夏季因台湾暖流西偏，浙闽沿岸受偏南风影响北上，长江泥沙南移受阻，主要沉积在杭州湾以外，部分被潮汐拥入杭州湾内；冬季台湾暖流退缩东移，浙闽沿岸流受北风吹送影响，长江泥沙向南可达浙南、闽北沿海。余下15%～20%的泥沙向北运移不远，因受苏北沿岸流阻挡，反被潮汐拥入崇明岛以北，沉积在长江口北支内，故长江向北部沿海输沙量甚少。

⑯珍稀动物金丝猴有哪几种，分布在什么地区？

金丝猴是中国特有并已十分稀少的观赏动物，它和大熊猫几乎同时被发现，而且同样为世界动物学界所珍视。

金丝猴分布于云贵高原、川西高原、秦岭、大巴山等地区。金丝猴可分为滇金丝猴、黔金丝猴和川金丝猴三种。

滇金丝猴分布于以滇北云岭山脉西侧的高山峡谷为中心，东不过金沙江，西止澜沧江，北至藏东宁静山的芒康一带，南到云南的剑川、兰坪地区。

黔金丝猴仅产于贵州东北部的梵净山，估计尚有几百只。

川金丝猴通称金丝猴，分布范围较广，数量也多于前两种。川西的岷山、邛崃山、川甘边界的摩天岭、秦岭和神农架都有出产。

⑦⑦中国特有的珍稀兽类白鳍豚有什么奇特？

印(度)河豚、恒河豚、亚(马孙)河豚、拉(普拉塔)河豚和长江的白鳍豚是世界上仅有的5种淡水豚类。其中，白鳍豚现有数量最少，只在长江中下游干流和洞庭湖出产，为中国特有珍稀兽类，有“江上大熊猫”之称。

近代首次发现白鳍豚于1916年，地点在洞庭湖口。1981年在江苏谏壁江面上捕获到一头白鳍豚，说明白鳍豚在长江下游也有分布。1980年国家在沙市至鄂城间的长江段设立白鳍豚保护区，禁止捕杀。

白鳍豚的珍贵，不仅由于它稀少，而且它有多种学科研究价值。它体内有独特的发声和接收回声定位的组织，声纳系统特别发达，能识别物体，探测食物，联系同类，躲避敌害，因此有人称之为“长江里的活雷达”。白鳍豚大脑面积大，沟回复杂，重量与大猩猩、黑猩猩的大脑相近，是一种非常聪明的动物。

⑦⑧扬子鳄与世界上其他鳄鱼有什么不同？国家采取什么措施保护它？

扬子鳄古称“鼍”，俗称“猪婆龙”，因其目前只生活在长江中下游地区而得名。

世界上现存的鳄类有25种左右，大多分布在非洲、中美洲、亚洲南部等热带和亚热带地区。扬子鳄和北美洲的密西西比鳄是分布于偏北的种类。而扬子鳄与世界上其他鳄类不同的是，它是惟一的冬眠种。

扬子鳄原来分布较广，湖北、江西、安徽、江苏、浙江等省江河湖泊都有发现，而现在只限于长江下游地区，数量已极少。

为了挽救这一濒危动物，国家近年已在安徽宣城郊外建立了扬子鳄养殖场和扬子鳄繁殖研究中心。技术人员采用自然受精人工孵化技术，1987年已孵化出800条幼鳄。在浙江安吉县灵峰寺和长兴县管埭两地建立了扬子鳄保护和饲养的机构，负责保护当地的扬子鳄资源。

79被世界上列为稀有濒种鸟首位的朱鹮现在情况怎样？

朱鹮，又名朱鹭，居世界6种稀有濒种鸟的首位。属东亚特有涉禽，原来主要产于中国东北和陕、甘、豫等省浅山区，以及朝鲜和日本。20世纪50年代朱鹮曾在中国绝迹。1978年秋季，中国科学院动物研究所组成调查小组调查了辽、冀、鲁、豫、陕、甘、皖、苏、浙九省，终于在1981年5月在秦岭南麓海拔1 356米的洋县金家河山谷和距离金家河两公里的姚家沟，发现了4只朱鹮和两个内有4枚鹮卵、3只雏鹮的鹮巢，一时轰动中外鸟类学界。中国科学院随即在姚家沟设立了秦岭朱鹮群体观察站，以后又将洋县定为中国惟一的朱鹮自然保护区。保护区建立后，通过投食助养和其他保护措施，朱鹮的繁殖和成活率都有所提高，现在已增加到3处巢地、30余只朱鹮，使中国成为世界上惟一拥有朱鹮野生群落的国家。

80现存的两栖类动物中体型最大、有动物“黄金”之称的是什么动物，分布在哪里？

现存的两栖类动物中体型最大的叫“大鲵”，分布在中国华南、西南地区。长江流域川、黔、赣、皖、鄂、湘等省常见,豫、陕也有分布。

大鲵叫声似小孩啼,又叫娃娃鱼。幼体用鳃呼吸,成体用肺呼吸。肉质白嫩、味鲜美,为佳肴珍品,有滋补及药用价值,辅助治疗作用,被称为动物“黄金”。

大鲵为国家二级野生保护动物,部分地区建立了自然保护区和人工繁殖场。武汉长江生态科研所 1989 年人工饲养成功,年繁殖可达 1 亿尾左右,成活率高达 85%。

㉛哪三种花被誉为“世界三大名花”,它们在哪个地区种类最多?

杜鹃花、报春花、龙胆花被誉为“世界三大名花”,在横断山区种类最多。中国是杜鹃花的故乡,全世界共有杜鹃花 800 种,中国即有 650 多种,横断山区占 300 多种。世界上报春花有 450 种,中国占 390 多种,横断山区就有 200 种以上。龙胆花共有 400 多种,横断山区约占一半。

㉜长江流域建立了多少自然保护区?保护区类型有哪些?

为了保护重要生物的生态系统及其环境,拯救灭绝的物种,保护自然历史遗产,中国从 1956 年起建立自然保护区,长江流域自然保护区始建于 1963 年。截至 1986 年底止,长江流域共建立自然保护区 93 处,总面积近16 200余平方公里,分别占全国自然保护区总数和总面积的 28%和 8.6%。

长江流域自然保护区的类型,根据保护对象和保护目的,可分为综合型自然保护区、以保护珍稀动物为主的自然保护区、以保护珍贵植物与典型植被为主的自然保护区、以保护自然风景为主的自然保护区。

①综合型自然保护区，以乌江流域的梵净山自然保护区生态系统最丰富完整。

②以保护珍稀动物资源为主的自然保护区，占长江流域全部保护区的 1/3，被保护动物主要有大熊猫、金丝猴、黑颈鹤、梅花鹿、羚牛、灰鹤、白鹳、朱鹮、羚羊、猕猴、白鳍豚、水鹿、红面猴、短尾猴、华南虎、大鲵，以及天鹅、丹顶鹤等。

③以保护珍贵植物、典型植被为主的自然保护区，占长江流域全部自然保护区的 40%左右。珍贵植物如云南普渡河、四川攀枝花的苏铁林，四川金佛山、贵州道真、湖南顶辽的银杉林，贵州赤水县的桫椤，陕西黑河的红桦林，湖南天门山、壶瓶山的珙桐，湖北利川县的水杉原生林等。

④以保护自然风景为主的自然保护区，主要有四川的九寨沟，湖南的张家界、天子山、索溪峪，江西的庐山等。

㊽长江流域的"荔乡"在哪里？其荔枝品种有哪些？

长江流域的"荔乡"在四川省合江县，有1 000多年历史。

合江荔枝品种有大红袍、楠木叶、妃子笑、降沙蓝、带绿、桂味、糯米糍、鹿角、乌泡、凉姜泡、饭巴泡等。

㊾长江流域有哪些著名的山景？

长江流域名山胜景，可分为如下四种：

①宗教名山。宗教活动在中国有悠久的历史，几乎凡是风景优美的山岳，都有金碧辉煌的观庙殿堂。流域内如湖南"南岳"衡

山，为中国著名的“五岳”之一。安徽九华山、四川峨眉山，是中国“四大佛教圣地”中的两座。云南宾川县鸡足山，也是中国佛教名山。道教名山则以湖北丹江口市的武当山、四川都江堰市的青城山和江西德兴县的三清山最有名。

②风景名山。流域内以自然风景取胜的名山，数量更多，分布更广。最著名的首推“名冠神州”的黄山，是一座集中国名山胜境大全的“天下第一山”。其次是著名的避暑胜地庐山。近年来开发的湖南西部武陵山风景区，包括张家界、天子山、索溪峪。其他如湖北的神农架，贵州的梵净山等，也是以自然风光取胜的旅游区。

③雪山高峰。是登山、探险和科学考察的胜地。长江江源地区，不仅有海拔6 000米以上的雪山群和晶莹夺目的冰川，而且有生命力顽强的野生动物和花草，以及热气腾腾的温泉带和美丽的泉华台。在川西高原东部耸立着长江流域第一高峰贡嘎山。在云南金沙江畔有神奇的玉龙雪山和哈巴雪山以及长江第一大峡谷虎跳峡。

④“洞天”石林。贵州岩溶地貌发育，类型齐全，无论数量和规模均居全国之冠。在贵阳有地下公园和新近发现的织金县打鸡洞以及猫跳河风景区；在湖南有沅陵县的无缘洞、慈利县的黄龙洞；在湖北通山县有九宫山溶洞；在江西彭泽县有龙宫洞；在安徽广德县有太极洞；在江苏茅山有溶洞群和宜兴著名的“三洞”（张公洞、善卷洞、灵谷洞）等。这些溶洞在全国均享有盛名。

85 长江流域有哪些主要的水景资源？

长江流域水景资源更为丰富，在巨壑幽谷、悬崖绝壁和平原低地上所形成的山泉、清溪、飞瀑、洪流和湖泊，构成千姿百态美不胜收的水景景观。

长江的江河水景，既有平原河段浩瀚的巨流，也有峡谷中的湍流。如金沙江的虎跳峡，是长江上最险峻的峡谷。中国十大风景名胜之一的三峡，是长江最长最壮丽的峡谷。此外，还有大宁河上的小三峡，四川的岷江“小三峡”，重庆北碚的嘉陵江“小三峡”等。

㊅你知道通天河的神奇传说吗？

在藏语里，通天河叫“珠曲”，意思是“奶牛的水”。在藏族人民中流传着一个美丽而神奇的传说。

古时候，天帝把一头神牛赶到青海高原，限令它三天啃光高原上的青草，踏平高耸的青山，把那里变成不毛之地。神牛不肯执行天帝的旨意，却愿意为人民造福。于是它爬上一座高山，面对东方，大吼数声，从鼻孔里喷出两股清泉，泉水浇绿了草原，喂肥了牛羊，给高原带来了生机。天帝知道后，十分恼怒地将神牛处死了。神牛死后，变成了一块巨石，永远耸立在青海高原上。但两股清泉依然流淌，形成了通天河（即长江）的源流。

87你知道《西游记》里有关通天河的故事吗？

神话小说《西游记》中有个唐僧晒经的故事，就是发生在通天河。当年，唐僧师徒西天取经返回的路上为通天河滔滔江水所阻，求助于一只神龟，立在龟背上涉渡，不料，刚刚渡到河中央，老龟作怪，将千辛万苦取回的经书全部掉进了河里，被水浸得透湿。经书有幸及时捞取，铺在河岸一块大石上晾晒，好不容易才把经书保存下来。这块晒经书的石头，即是晒经台，就在巴塘河口以上 3 公里处的通天河右岸。巨石附近，有几棵古柏，相传唐僧曾拴马于此。

⑱你知道关于长江第一弯与“虎跳峡”的神话故事吗？

对于长江第一弯，这里纳西族民间流传着这样一个神话故事：金沙江、怒江、澜沧江是三姐妹，她们一起在崇山峻岭中欢跃漫游，大姐二姐一直向南去大海，惟独能歌善舞的三妹金沙姑娘，却向往东海。她到了石鼓，突然独自改变方向，向着东方流去。不料刚离石鼓不远，就被玉龙和哈巴两兄弟挡住了去路。他们决意不让金沙姑娘东去，约定轮班看守，要把金沙姑娘拦阻在脚下。聪明的金沙姑娘想起哈巴有爱打瞌睡的毛病，便唱起了一支又一支歌。轻柔的歌声使哈巴听得入迷而睡着了。金沙姑娘便乘机从他脚下冲了过去。现在虎跳峡中的十八个陡坎，就是金沙姑娘唱的十八首歌，虎跳峡尾部的三个大滩，就是金沙姑娘三声胜利的大笑。玉龙一觉醒来，见哈巴放走了金沙姑娘，一怒之下挥动宝剑，砍掉了哈巴的脑袋。所以，如今的哈巴雪山没有山峰，一直光秃秃地躺在那里，而那条大深沟里的水流就是哈巴断头时流的血。

⑲“大熊猫的故乡”在哪里？

大熊猫的故乡在四川西北岷江上游至陕甘交界一带的崇山峻岭中，其中以四川阿坝藏族自治州汶川县西南部的“卧龙自然保护区”最为著名。卧龙区奇峰竞秀，海拔5 000米以上的山峰有 101座，原始森林遍布，为保护举世无双的“活化石”——大熊猫，专门设立了“卧龙自然保护区”。“世界野生生物基金会”还在一座3 000多米的高峰上建立了“熊猫观察站”。

⑳九寨沟在哪里？它因何而著名？

在四川省西北南坪县境内，有一条处于岷山山脉万山丛中的幽深山谷，因周围有9个藏族村寨而得名“九寨沟”。风景区总面积约620平方公里，无处不保持着原始、自然、古朴的本色，有“童话世界”和“世外桃源”之誉。四周群山，终年白雪皑皑，沟里河谷，森林古树参天，花卉繁茂。境内有大小海子108个，分布在3条“人”形沟里，全长50多公里。芦苇海以芦苇丛生得名，火花海一片深蓝，五花海形似孔雀开屏，天鹅海因常有天鹅栖息得名。海拔3 100米的长海，是九寨沟风景区最高点，也是最大的一个海子，南北长7.5公里、宽约0.5公里，沿岸山峦叠嶂，绿树幽深，远处雪峰皑皑。长海没有出水口，纵有暴雨，水从不漫溢，冬春长期无雨也不干涸，藏民称它为“装不满、漏不干的宝葫芦”。层层叠叠的海子，形成许多瀑布，珠连玉串十多公里。九寨沟植物呈垂直分布，种类繁多，其自然环境也适宜于许多动物繁殖生长。在原始森林里，有稀有和珍贵动物数十种，如大熊猫、金丝猴、小熊猫、羚牛等。九寨沟已被联合国教科文组织批准为世界级的自然遗产列入《世界遗产名录》。

91 为什么重庆有“雾城”之称？

重庆除去7月和8月盛夏时节，其余月份的雾日接连不断，好像一年到头雾气腾腾。雾最浓时，什么都看不见，长江上的船只直到近午时才能启航，就像“雾都伦敦”一样闻名中外。四川盆地湿度大，重庆又三面是水，夜间温度下降，空气中的水汽容易冷凝变雾。

92 你知道四川有一个“一夫当关，万夫莫开”的天下雄关吗？

四川有条以雄险闻名的古代工程——栈道。栈道所经的剑阁城北25公里处的剑门关形势险要,栈道宽约20米,长约500米,两边石壁高矗,像刀削斧砍一般。真乃“一夫当关,万夫莫开”的“天下雄关”。三国时诸葛亮曾在此关设兵戍守,栈道沿途还有许多汉代和三国的古迹。

㊸层楼飞阁石宝寨在哪儿?

“忠州有个石宝寨,人人见了人人爱。”石宝寨就在万县市的忠县(古名忠州)境内长江畔。

石宝寨所在的孤峰,传说在远古洪荒之世,美丽的天神——女娲炼五色石补天,其中一块坠落此地,形似玉印,故名玉印山。古诗云:“孑孓玉印山,屹立江水东,天作百丈台,秀削疑人工。”相传明代嘉靖年间,一批能工巧匠聚集在玉印山对岸,商议如何利用玉印山地势,造一座别开生面的建筑物,冥思苦想了七天七夜,提出了七七四十九个方案,但没一个满意的。第八天清晨,工匠中有位长者,第一个登上山顶,眺望对岸,忽见一只雄鹰,展翅盘旋在玉印山前,层层旋起,越过山巅,迎着朝霞飞去。他灵感一动,提出了倚山建造,楼冠山巅的第五十个方案,得到工匠们一致好评,马上就开工了。它从玉印山临江的一面绝壁下破土,层层收缩向上,一共建造了十二层塔型楼亭,亭内有云梯盘旋而上,直达山顶的高楼正殿。近看古寨,映着彩云,像一座悬空的宫殿,壮观极了。

石宝寨不仅风光秀丽,而且有这样一个神话传说:在石宝寨后殿的一块大石板上,有个碗口大的石洞。传说,这个洞从前很小,但会漏米,和尚叫它石宝,每天从这小孔中流出来白花花的大米,恰好够庙里的和尚吃,要是来了客人,也同样够吃,但始终没有剩余。天长日久,贪心的和尚嫌石洞太小,就把它凿成碗口大,想让它多出米。谁知这样一来,石宝从此以后连一粒米也不漏了。这个“出米洞”现还保存在后殿里。

94 你能说出巫山十二峰吗?

“放舟下巫峡,心在十二峰。”巫山十二峰分别坐落在巫山县城下游的长江两岸,江南江北各有六座。古人根据这些山峰的形象和风景特点,都给它们取了名字:江北有登龙峰、圣泉峰、朝云峰、神女峰、松峦峰、集仙峰;江南有净坛峰、起云峰、飞凤峰、上升峰、翠屏峰、聚鹤峰。

十二峰中以神女峰最出风头,它的拟人化水平最高,又最显眼。神女峰秀丽奇峭,上入云端,下临大江,山峰旁有一块危石,形如健美少女,亭亭玉立,低首远眺。

95 长江流域出名的小三峡有几个?

除长江干流上的三峡外,在长江支流上有更多的峡谷,被称为小三峡的也不少,较出名的有以下 4 个:

①大宁河小三峡。大宁河从河口到大昌镇 60 公里河道内,有龙门峡、巴雾峡、滴翠峡 3 个峡谷,人称“小三峡”。这里山青、水绿、峰奇、石怪,兼得长江三峡之胜,却又别有天地,是一条“不是三峡,胜似三峡”的美丽画廊。

②嘉州小三峡。岷江小三峡在四川省乐山市北约 23 公里的岷江。北为犁头峡,中为背峨峡,南为平羌峡,全长 8 公里,因乐山旧称嘉州,所以多称嘉州小三峡。

③嘉陵江小三峡。在重庆市北面的嘉陵江上,包括沥鼻峡、温塘峡、观音峡三个峡谷,全长 32 公里,峡谷段仅长 9 公里。温塘峡右有北温泉,左有张飞大道。观音峡因有观音阁而得名,有铁路

桥、公路桥通过。

④巫山小小三峡。被誉为全国最佳漂流区的巫山小小三峡，是指大宁河支流马渡河下游的三撑峡、秦王峡、长滩峡，全长20公里。峡内幽、秀、翠、奇、怪、美荟萃其中，那有惊无险的回归大自然参与式漂流"中国第一漂"，实在是挡不住的诱惑。

⑯兵书宝剑峡由何而得名？

对兵书宝剑峡的描述和传说众多，其中下列3种说法流行最广：

①兵书宝剑峡是西陵峡西端入口附近的第一段峡谷。一眼望去，那斧砍刀削般的岩石，似一叠"兵书"落地；那插入江底的奇峰，若一柄"宝剑"击水。

②在江北黄岩山那铁灰色的峭壁间，有一洞穴，洞口横着一叠形如书页的东西；距洞穴不远，有一长形的怪石。前者是"兵书"，后者是"宝剑"。千百年来，"兵书"高搁，"宝剑"深藏，令人神秘莫测。

③相传诸葛亮为刘备谋求立足之地，入川经过这里，演兵操练，在米仓口屯粮，又将平生作战经验总结成一本兵书，连同一把宝剑，放在三峡里，以激励后人。对此，清人李映芬却作了另外的解释。他认为"兵法在一心，兵书言总固。弃置大峡中，恐怕后人误。"意思是：诸葛亮足智多谋，从不拘泥于书本知识，善于观察分析客观现实，根据情况的不断变化而随机应变地夺取战争的胜利。诸葛亮为了不让自己制定的"本本"误了后人，所以才将"兵书"弃置于大峡之中。

⑨⑦你听说过神农架的“野人”吗?

相传,远古时代神农氏(炎帝)为了让天下百姓脱离灾难的纠缠,来到鄂西北那艰险的高山密林里,遍尝百草,选种播地,采药治病。从此这个地方就叫“神农架”。

神农架岩壁如削,鹰岩兀起,飞瀑挂岩,林海苍茫。参天的古木密林形成了绿色的天篷;冬季被皑皑白雪遮住更感神秘莫测。

神农架有“野人”的传说,至少已有100多年的历史了。早在清同治九年(公元1870年)的《郧阳府志》上已记载着“房山在城南40里,高险幽远,四面石洞如房,多毛人,修丈余,遍体生毛,时出山啮人鸡犬,拒者必遭攫搏。”

20世纪70年代以来,我国报刊上也报道过有关“野人”传说。有人把“野人”列为当代世界的四大谜之一。在神农架人烟稀少处,当地老百姓也早有“野人”的传说。

据说,1976年5月14日傍晚6时,司机小蔡和车上五位乘客看到过“人形动物”。1987年7月23日,青年唐月鹏在箩筐套附近曾被一个高大的“人形动物”猛击一巴掌,昏过去后,第二天早7时在山洞中苏醒,并看到20米外的“人形动物”,后小唐趁“人形动物”出洞时逃离山洞。

“人形动物”究竟属何动物,很难揣测,所以人们对“野人”众说纷纭,莫衷一是,暂时又无法从科学上得到令人满意的结论,故只能算是一种传说。

⑨⑧“三千三百西江水,自古如今要路津。”是描绘的哪个城市?

“三千三百西江水,自古如今要路津。”是唐代著名诗人刘禹锡在《自江陵沿流道中》对沙市的描绘。沙市位于长江中游北岸,毗邻荆州古城，现合并为荆州市，周围是千里沃野的江汉平原。沙市是由长江的泥沙冲积而成的。相传大禹治水经过这里时，只见“汤汤洪水方割，浩浩怀山襄陵”，于是将一宝船弃置在这里，从此出现了一个船似的大沙洲，即是后来沙市的所在。

99“华中第一峰”在哪里？武当山是什么教的圣地？

湖北西北部的神农架，在大巴山脉东段，山势雄伟，有 6 座海拔3 000米以上的高峰，主峰神农顶海拔3 105米，有“华中第一峰”之称。

武当山是道教圣地，也是武当派武术发源地。武当山天柱峰绝顶上的金殿，铜铸镏金，闪耀着中国古建筑的灿烂光芒。

100“白银盘里一青螺”指的哪里？“斑竹”是何由来？

“白银盘里一青螺”指的是岳阳君山。一名湘山，亦称洞庭山。古时，在八百里洞庭的浩渺烟波之中，荡漾着一个晶莹碧玉的小岛——君山。站在岳阳楼上举目西眺，那小岛就像“白银盘里一青螺”。

一说舜帝二妃娥皇和女英曾居于君山，一说秦始皇南巡泊此，故名君山。君山四面环水，风景秀丽，由 72 个大小山峰组成，山上古迹甚多，现存二妃墓、柳毅井、龙涎井及秦始皇封山印等。山中异竹丛生，有斑竹、罗汉竹、实竹、方竹、紫竹、毛竹等，各具特色。君山茶叶誉满中外，誉名“金镶玉”。

相传4 000多年前，舜帝与娥皇、女英二妃来到君山，后舜继续南行，病死于苍梧。娥皇与女英在君山上扶竹痛哭，泪珠滴在竹上，点点斑斑，便成了现在的“湘妃竹”也称“斑竹”。真谓“当时珠泪垂多少，直到如今竹尚斑。”二妃悲恸过度，死于君山。

101 为什么说“不识庐山真面目，只缘身在此山中”？

主要是变幻无穷的云雾，给庐山增添了神秘色彩，使人难以看到全貌。庐山一年之内有雾190天左右，平均不到两天就有一个雾天。庐山云雾，时而似薄纱曼舞，若隐若现，使人难以捉摸；时而似大海扬波，汹涌奔腾，给人以豪迈的激情。而最为壮观的是一种瀑布云。每当春秋时节，雨过天晴，从牯岭街向东北方向瞭望，常能看到大片大片波涛滚滚的云雾，越过山顶，泻入山北，其势如银河降落，又像一群白龙在升腾涌进。

102 “飞流直下三千尺，疑是银河落九天”描述的是哪个景点？

李白此诗描写的是江西庐山的三叠泉。泉水来自大月山，经五老峰山脊，倾注于九叠谷，两次飞泻于大盘石上，折而复聚，形成三叠。在将近100米的距离上，泉水要越过三个台阶，人们看到泉流在第一级上，如飘雪拖练，是那样的潇洒多姿；泉流在第二级上，如碎玉摧冰，是那样的飞腾激扬；泉流在第三级上，如玉龙走潭，是那样的神速离奇。古人称它为“匡庐第一雄观”。

103 你知道江西彭泽有个龙宫洞吗？

一说起“龙宫”，人们会想起《西游记》里描述的东海龙宫。但我们这里说的龙宫，不在东海，而在江西彭泽县的乌龙山麓。地质时期，这里曾是一片大海，沉积了厚厚的石灰岩，后经地壳运动，海底上升为陆，后又形成高山，几经变迁，石灰岩经长期溶蚀沉淀，最后出现了这个气象万千的溶洞。

龙宫洞全长2 700米，洞中有洞，洞洞有景，蔚为奇观，主要有前厅、甬道、东宫、西宫和正殿。前厅，有称之为“海寿星”的三座钟乳石。它们好似龙王的差役把守着宫门。巨大的甬道，足有300米长，10余米宽，里面簇生着各种钟乳石、石帘，令人眼花缭乱、目不暇接。溪流中拔起一个个石笋，犹如虾兵蟹将排列阵势。东宫两壁的钟乳石，巧妙地构成一幅垂帘装饰的宫门，石壁上一块巨型钟乳石，如同一艘大海船，上面坐着龙王、龙后及其子、孙、臣、将，形态逼真。西宫景色更加多姿多彩，浮雕气象万千。最后的正殿长70～80米，宽60余米，高50余米，俨然一座雄伟的地下大厅，使人惊叹不已。

104 你知道安徽宣城龙泉洞吗？

龙泉洞，俗称窑头洞，在安徽宣城水东镇马头山东麓。洞外有一钟乳石犹如白龙镶嵌壁上。洞口低仄，佝偻蹲伏始可入，入洞则豁然开阔。洞内石乳、石笋、石柱比比皆是，有一条“白龙”低首石桥旁，伸手可触龙须，因之命名为“白龙宫”，并有“回龙桥”之称。大厅内怪石千姿百态。洞中共有100多个洞穴，8个大厅，大者2 000多平方米。小者200～300平方米。“音乐厅”里的石壁叩之能发出琴瑟之声。

105 你知道九华山如何得名的吗？

安徽南部青阳县的九华山，以九十九峰著称，方圆100多平方公里。九大主峰以天台、莲花、天柱、中王等峰最为雄伟。

唐代天宝年间，大诗人李白游历至此，见此山秀丽、景色奇异，写下了“妙有分二气，灵山开九华”，“天河挂绿水，秀出九芙蓉”的诗句。从此，原名九子山就改名为九华山。而九芙蓉就是指九大主峰。李白看九峰如莲花，而宋代诗人苏子美和王安石却将九华山峰比拟为“肖然九仙人，缥缈凌云间”。

“九华一千寺，撒在云雾中。”这是古人对九华山寺庙所作的描绘，虽过夸张，但也说明九华山当时佛教之盛。现尚有古刹 78 座，佛像1 500余尊，有僧尼 300 余人，居国内四大佛教名山之首。

106 你知道“黄山”名称的由来吗？

说起黄山，人们很容易想起徐霞客对黄山的赞誉：“五岳归来不看山，黄山归来不看岳。”位于安徽省南部的黄山以“奇松、怪石、云海、温泉”四绝名扬世界；是中国大地上一块绮丽的瑰宝。美丽的黄山，在秦代叫黟山，唐代《周书异记》记载了一个神话故事，说轩辕黄帝曾在此山中修身炼丹，故崇尚道教的唐明皇以此为据，下令改黟山为黄山。从此黄山出名。

107 “东方的威尼斯”指的是什么地方？

“东方的威尼斯”是指著名的江南水城苏州。苏州城外湖荡密布，河道纵横；城内则水巷交错，宋代时城内共有河道七纵十二横，达 82 公里，此后随着城市建设的变迁，目前尚有河道 34 公里。城区仍保持着“家家临水，处处小桥”的风光。古人描写苏州：“家家门外泊舟船”，“人家尽枕河”。

有水就有桥，苏州的桥多得惊人。白居易曾写道“绿浪东西南北水，红楼三百九十桥。”至今还有 160 多座各式各样的桥。尤其别致的是把城门和桥结合在一体，建筑起了别具一格的水门桥。

还有与赵州桥齐名的宝带桥，53 个桥孔排列在运河边，成为苏州一美景。

⑩⑧“上海”一名由何而来？

上海成陆以后是一片海滩，人们聚此，主要从事捕鱼、煮盐和纺纱织布。当年渔民们到海上去捕鱼，口头常喊“上海去”，这里的“上”是到的意思，久而久之，“上海”两字就成为海边一带的地名了。明弘治《上海去》解释道：“其名上海者，乃地居海洋之上，故也。”上海由此而得名。当年渔民捕鱼使用一种叫“沪”的工具。《舆地志》载：“插竹到海中以绳之，向岸张两翼，潮上而没，潮落即出，鱼随潮碍竹不得去，名之曰沪(古书上写作扈)。”另外，早在《晋书》上也将吴淞江下游一带称为“沪渎”，上海别称为“沪”，就是这个来历。

⑩⑨长江流域洪水的成因是什么？其特性如何？

长江流域的洪水主要由暴雨形成。流域幅员辽阔，支流众多，洪水不同的组成遭遇所形成的洪水类型也不相同。洪水发生时间，一般下游早于上游，江南早于江北。干流大洪水多集中在 7、8 两个月，一般年份干支流洪水发生时间先后不一，洪峰相互错开，不致造成很大洪水。如遇天气反常，上游雨季提前，中、下游雨季延后，干支流洪水遭遇，易发生范围很大的洪水，如 1931、1949、1954 年洪水。若局部地区发生强度很大的暴雨，也会形成地区性大洪水，如 1935 年汉江、清江洪水，1981 年四川盆地洪水，及历史上的 1860、1870 年特大洪水。这两类洪水均可造成巨大灾害。长江中下游干流的大洪水具有峰高、量大、历时长的特点，而宜昌以上的上游洪水则涨势较猛，历时相对较短。

⑩厄尔尼诺指的是什么？它与长江洪水的产生有什么联系？

厄尔尼诺是热带海洋和天气的一种势力和动力变异的自然现象。近代研究表明，厄尔尼诺对气候的影响具有全球性，由于它的作用，世界范围的正常气候格局遭到破坏，该旱的地区出现洪涝，该涝的地区出现大旱，因而引起包括我国政府在内的各国和世界有关组织的高度重视。

专家警示，1997年是厄尔尼诺近50年来最强的一次，其强度已超过原认为最强的1982年至1983年，研究表明，厄尔尼诺次年往往是长江中下游雨水偏多的年份。根据国家气象站网上获得的雨量数据统计，从1997年11月中下旬，特别是从1997年12月和1998年元月两月累积降雨等值线图分析，位于长江中下游地区的主要雨区基本分布在洞庭湖区、鄱阳湖区和杭州地区一带。两月总降雨量最大中心为南昌站369毫米，大于200毫米以上的雨带基本位于长江中下游干流偏南地区。近3个月的降雨，较历史同期明显偏多的现象是长江中下游干流各主要控制站水位相继抬升的一个直接原因。

长江400问

历史文化篇

❶世界上首次发现腊玛古猿头骨化石是在什么地方？距今多少年？

腊玛古猿人被世界考古界认为可能是人类最早的祖先。1932年由美国耶鲁大学发掘队首先在印度发现。

1978年12月，我国著名的古人类学家吴汝康教授率领的发掘队在我国云南省禄丰县石灰坝，发现并发掘出了一个距今约800万年前的比较完整的古猿头骨化石。从1975年至1982年共发掘出土腊玛古猿和西瓦古猿化石1 000余件，其中一较完整的下颌骨保留有门齿、犬齿、前臼齿共12枚。因与印度发现的古猿化石处于大致相同年代，故称禄丰腊玛古猿。

腊玛古猿头骨化石在世界上属首次发现，它具有早期人类的形态特征。

❷目前已知的长江流域最早在多少万年以前已有人类活动？

1986年10月，由中国科学院古脊椎动物古人类研究所长江三峡考察队在四川省巫山县大庙区龙坪村龙骨坡一处洞穴堆积里，发现了距今200万年前古老人类的右上侧门齿及一段下颌骨化石。这是我国迄今发现的最古老的人类化石。表明，早在200万年以前，长江流域就已有了人类活动。

❸元谋猿人是世界上最早使用火的人类。它是什么时候，在什么地方发现的？

元谋猿人，也称“元谋直立猿人”，生活在约170万年前，是1965年至1975年在金沙江南岸云南元谋县上那蚌村下更新世地层中发现的。上那蚌村位于金沙江畔一小盆地内，海拔1 100米左右，龙川江流贯其间，适宜古人类生活。

元谋猿人属于直立人早期阶段的类型。基本形态与北京猿人相似，个别性状比后者原始。元谋猿人已能开始制造和使用原始的工具。在元谋猿人化石层位中，还出土不少哺乳动物肢骨碎片，炭屑数量很多，直径一般在 4～8 毫米之间，含炭层厚达 3 米左右，还伴随有经过燃烧变黑的烧骨，这是元谋猿人用火的证据，表明元谋人可能是世界上第一批用火的人类。

❹长江流域旧石器时代早期、中期和晚期的古人类主要有哪些?

旧石器早期：巫山猿人、元谋猿人、郧西猿人、郧县猿人、和县猿人、巢县猿人。

旧石器中期：长阳人、桐梓人。

旧石器晚期：丽江人、西畴人、资阳人。

❺郧县猿人遗址在哪里？什么时候发现的？距今多少年？

郧县猿人遗址在湖北省郧县城东北 30 公里的梅铺杜家沟，是 1975 年发现的，在该遗址曾发掘出猿人牙齿化石 3 枚和经过人工打击的砾石石核。距今60 万～100万年，可能早于北京猿人。

❻长阳人遗址在哪里？什么时候发现的？距今多少年？

长阳人遗址在湖北省长阳县赵家堰关老山南坡龙洞，是 1956 年首次发现的。在该遗址先后发现保留有第一前臼齿和第一臼齿的人类左上颌骨，以及一颗单独的左下第二前臼齿化石。距今10余万年。

❼资阳人遗址在哪里？什么时候发现的？

资阳人遗址在四川省资阳县城西黄鳝溪，属旧石器时代晚期遗址。1951年修铁路桥时，发现10件完整头骨化石，体形较小，表面光滑圆润，额结节和顶结节突出，额部丰满，属一老年女性个体，其特征和现代人相似，也保留了一定的原始性。被认为属晚期智人。

❽反映新石器时期的长江流域文化主要有哪些？什么时候在什么地方发现？它们各距今多少年？

长江上游的大溪文化，1959年首次在四川巫山县瞿塘峡东口的大溪镇发现，距今约6 000年。

长江中游的屈家岭文化，1954年首次在湖北京山县屈家岭村发现，距今约5 000年。

长江下游的河姆渡文化，1973年首次在浙江余姚县罗江乡渡头村发现，距今约7 000年。

❾三星堆遗址在哪里？出土的重要文物有哪些？对研究当时社会有什么价值？

三星堆遗址在四川广汉市城西约10公里的南兴镇三星村。经1980～1986年多次发掘，发现有房址、墓葬、祭祀坟和窑址，出土了金、铜、玉石、骨、陶器等大批文物。其中，1986年发掘的两座大型商代祭祀坑中出土的大型青铜人物雕像、金杖和枝叶茂盛的青铜神像树极为珍贵。对研究当时的蜀族社会生活、祭祀礼仪、宗教意识等具有极高的价值。

⑩良渚遗址在哪里？属什么时代？距今多少年？

良渚遗址在浙江省余杭县良渚镇，属新石器时代晚期文化遗址。1936年发现，距今约5 000年。

⑪良渚文化遗址出土文物有陶器、石器和玉器。它们分别用于哪些方面？玉器中较为珍贵的有哪些？

陶器大多为鼎、壶、罐、盘、杯等，多为生活用品。

石器有锛、镰、犁、穿孔斧、刀、矛、镞等，多为工具和兵器。

玉器为琮、璧、璜、珠、环等，多为礼器和饰物。

玉器中玉琮、玉钺、玉饰冠为良渚文化玉雕珍品。

⑫河姆渡文化遗址的特征是什么？

河姆渡文化遗址1973年首次发现，连同1977年两次发掘，在河姆渡遗址四个先后叠压、连续时间2 000多年的文化层中，共出土文物7 000余件，主要有陶器、木质工具、带榫卯的建筑物木构件、有井亭的水井、家畜骸骨、中国最古老的稻作遗存——稻壳堆等。三、四两层的文化面貌最古老，有与稻谷同时存在、可供松土开沟的骨耜，表明河姆渡人已进入“耜耕”农业阶段。

⑬三峡工程坝址中堡岛有哪些历史文化遗址？

该遗址为新石器时代至商代文化遗址。1958 年发现。遗址文化堆积丰富，包含有大溪文化、屈家岭文化和相当于二里头文化三种文化遗存。

⑭反映长江流域商周时期青铜器文化主要有哪些？

主要有云南剑川海门口遗址、四川广汉三星堆遗址、大冶铜绿山矿冶遗址、黄陂盘龙商城遗址。

⑮长江流域发现的第一座商代古城在什么地方？叫什么名字？距今有多少年？

湖北黄陂盘龙城遗址的年代略晚于郑州的商代古城遗址，堪称我国目前已发现的第二座古老城池，距今3 500多年。

盘龙城建于水滨高丘上，面积 7.54 万平方米，南北长 290 米。城内东北隅已发现了 3 座宫殿基址，已发掘 2 座，有完整的墙基、柱础、柱子洞和阶前散水等。盘龙城遗址的城邑和宫殿遗址壮观齐全，城外有壕沟，沟外四周都有商代遗址，遗物有铜器、玉器 70 多件，出土的青铜武器中有当时砍杀力最强的新式武器——大钺。陶器的制作水平较黄河流域的高。

⑯吴城遗址位于何处？有哪些重要发现？

在江西省樟树市山前乡吴城村，为商代中晚期遗址。遗址的文化遗存可分为三期，一期年代与郑州二里岗上层接近，二期与殷墟早期相当，三期的年代相当于殷墟晚期和西周初期。出土文物以陶器、石器较多，青铜器较少。引人注目的是一批石范，多是工具范和武器范，也有少量容器范，有部分陶器和石范还发现有刻划文字与符号。此遗址的发现，对研究商文化在南方地区的分布及其与中原地区的关系，有重要价值；部分陶石器刻划文字与符号是研究早于殷墟文字的珍贵资料。

⑰传说炎帝神农的故里在何处？

传说炎帝故里在湖北省随州市北20公里的后山镇烈山上。烈山又名厉山、重山、丽山，海拔130米。传说中华民族始祖之一炎帝神农氏5 000多年前诞生在山上的洞里。

⑱神农架在何处，因何得名？

神农架在湖北西部，与四川省接壤，方圆3 250平方公里，一般地势海拔1 000米以上，最高峰神农顶海拔3 105米。相传神农氏(炎帝)在此搭架登峰，采尝百药，故而得名神农架。

⑲在夏代，全国的疆域划分成9个区域，即“九州”。你知道是哪九州吗？其中哪几个州是长江流经之地？

九州为冀州、兖州、青州、徐州、扬州、荆州、豫州、梁州、雍州。其中梁州、扬州和荆州是长江流经之地。

⑳最原始的船是怎样的？是如何制成的？

远古时期最原始的船是独木舟。1958年，在江苏武进县淹城乡的一条河中，发掘出一只独木舟，是用一段整木挖成的，长11米，口宽90厘米。在太湖地区的良渚文化遗址里，考古工作者还发现了长约2米的木桨。从这个地区发现的其他木器的加工现象推测，当时人们大约是用火烧的办法，把独木剜成小舟的。

㉑“望帝春心托杜鹃”源自哪个神话传说？

传说远古时代的蜀国，有一蜀王号望帝，定都在今四川郫县。当时蜀国因时常发生水灾，土地无法耕种，人民流离失所。望帝以鳖灵为相，开决玉山，民得安处。望帝乃委国授之而去。望帝禅位以后，隐居山林，死后化为杜鹃。每年初春杜鹃争鸣的日子，人们便想起他重用鳖灵治水的事迹。

㉒春秋战国时期楚国是如何扩张势力，成为列强之一的？

春秋战国时期，是我国古代社会急剧变革的时期，许多诸侯国在地方经济发展的基础上强大起来。这时的长江航运已不仅仅是水上交通的方式之一，而且成为诸侯争霸、列国兼并的一种手段了。楚国利用“汉江川泽山林之饶”和“西通巴蜀，东有云楚之饶”的有利条件，依靠荆江平原富庶的农业经济和对长江流域的水利开发，东征西战，沿长江而东和溯汉水北上，先后并吞了40多个小国，统一了江汉地区，发展成为一个经济发达、文化昌盛的南方大国，终于成为春秋五霸之一，在战国时进入七雄的行列。

㉓楚国是春秋战国时期最大的诸侯国，其疆域最大时包括哪些地方？建都时间最长的是哪个地方，历时多少年？

楚国疆域最大时占有现在的川、鄂、湘、赣、皖、苏、浙、豫、陕、鲁等省的全部或部分。楚国在现在的湖北江陵城北5公里处的纪南城建都时间最长，从公元前689年到公元前278年，其间有20代国王以此为都，历时411年，是楚文化策源地的中心。

㉔楚都纪南城外的庄王台是干什么用的？

庄王台高6米，长30米，宽20米。据文献记载，楚庄王时，楚国攻城掠地，威震诸侯，各国君主都为本国的安全而惶惶不安。庄王为了笼络诸侯，修筑了这座高台，邀请他们登台赴宴。席上庄王表现非常谦虚，又善于外交辞令，结果被诸侯们推为盟主。

㉕屈原的故乡在哪里？遭谗免职后流放于哪里？写下了哪些著名的篇章？

屈原故乡在湖北省秭归县东北30公里的乐平里(今屈坪)。楚怀王时任左徒、三闾大夫之职。遭诬陷免职后，长期流放于湘江和沅江一带。著有《离骚》、《九章》、《九歌》等作品，对后世影响很大。

㉖“龙舟竞渡”的风俗是怎样演变而来的？

相传当年屈原抱石投江后，人们立即驾着渔船前来抢救。大家用木板、扁担当桨，数人同划一条船，前呼后喊，沿江而下，直抵茫茫洞庭。群众争先恐后驾舟抢救屈原的情景，逐渐演变成“龙舟竞渡”的风俗。

㉗你知道“伯牙断琴谢知音”的故事吗?

相传楚国音乐大师伯牙在古琴台弹琴时，结识了钟子期。伯牙弹琴模拟高山，子期说巍巍峨峨如泰山；伯牙操琴描述流水，子期说洋洋洒洒似长江。伯牙对子期如此谙熟他琴声中的意趣和境界，不胜钦佩，引为知音，结为至交，相约来年再会。第二年，伯牙届时赴约，却听说子期已经去世。他非常悲伤，在子期的墓前弹奏了一曲《高山流水》,表示深切哀悼。伯牙深感知音从此难得，一曲奏完便断弦而去，终身不再弹琴。

㉘植根于长江中下游雄厚经济基础的楚文化大放异彩，堪与中原文化相媲美，最负盛名的出土文物有哪些?

最负盛名的出土文物有：随州编钟，中国最早的金币郢爰，数量大、工艺精湛的漆器，富有学术价值、现存美国纽约大都会博物馆的《长沙楚帛书》，西汉古尸，素纱蝉衣……

㉙你知道越王勾践卧薪尝胆的故事吗?

公元前494年，吴王夫差大败越于会稽山，越王勾践被迫屈膝求和。勾践为了磨炼意志，不过舒适的日子，床上不用褥子而铺柴草，还经常预备一个苦胆，随时尝一尝苦味，以不忘会稽之耻。勾践常常笼络群臣百姓，外出巡视，一心伺机报仇。公元前473年，越国终于与吴国在五湖决战，大败吴国，夫差战败自杀，吴亡。

㉚越王勾践剑是春秋晚期越国青铜兵器。它在哪里出土？有哪些特点？

1965年在湖北省江陵县望山1号楚墓出土。该剑长55.7厘米，宽4.6厘米。圆茎中空，剑首向外翻卷作圆边。内铸11道同心圆圈。剑格正面以蓝色琉璃，背面以绿松石镶嵌花纹。剑身饰满灰黑色菱形暗纹。近格处有直书鸟篆铭文二行八字“越王勾践自作用剑”。保存完好，刃部仍很锋利。历经2 300多年，至今光泽悦目，显示出中国古代工匠的高超技艺，堪称国宝。

㉛随州曾侯乙古墓群出土文物有多少件？其中被称为“世界奇观”的是什么，共多少件？

随州曾侯乙1号墓和2号墓共出土文物17 700多件，包括乐器、青铜礼器及用具、兵器、车马器、漆木竹器、竹简、金玉器及服饰、甲胄、骨角器等。其中曾侯乙编钟被称为“世界奇观”，共64件。

㉜马王堆汉墓为何震惊世界？

1972～1974年，在长沙马王堆1号墓发现一具年约50的女尸，外形和内脏均保存完好，是世界鲜尸保存记录史上罕见的实例，因而震惊世界。

㉝迄今发现的年代最早、最轻薄的衣物是哪一件？重量是多少？它是什么时候在哪里发现的？

1972年在长沙马王堆1号墓出土的素纱蝉衣，系西汉服饰。蝉衣即单衣，平直长袖，袖口较窄小，领、斜襟、袖缘皆用织绵制作。身长128厘米，素纱，单色，纤细，稀疏，薄如蝉翼，重仅49克。

㉞秦始皇两次浮江巡游分别是什么时候？目的是什么？

秦始皇曾于公元前219年和公元前210年两次巡游长江。

秦始皇首次巡游长江远达湖南，心情沉郁。向岭南推进的统一战争，遇到了岭南西瓯部族奴隶主泽吁宁武装力量的顽抗，五岭山脉又阻隔了军需品供给。这时他乘船赴前线巡视，作出了“使监禄凿渠运粮”的重大决策。

第二次巡游长江，则是因当时六国贵族的后代大批南逃吴地，隐匿于江南民间，聚成反秦势力，妄图伺机再起。为了维护统一的中央集权制国家，秦始皇巡游江南，审视社会动态，开凿曲阿运河，发展水运交通，目的是在于加强对江南地区政治与经济的严密控制。

㉟长江流域最早出现的人工运河有哪些？开凿人工运河起到了什么作用，有何意义？

长江流域最早出现的人工运河主要在江汉平原与长江三角洲等地区，有扬夏水道、邗沟等。在古代，开凿人工运河，是为了便于交通运输，也作为诸侯争霸的主要手段。运河对古代南北经济文化交流起着很大的作用，给予后世以深远的影响。

㊱灵渠位于何处？何时开凿？沟通了哪两大水系？

灵渠在桂林地区兴安县境内，总长约为 34 公里。公元前 219 年，秦始皇为军事上的需要，命监禄开凿灵渠，并于公元前 214 年建成。灵渠开凿在湘江与漓江之间距离最短的地方，它沟通了长江与珠江两大水系。

㊲中外闻名的都江堰建在何处？是什么时候修建的？

都江堰是兼有防洪、灌溉和航运效益的大型水利工程，位于四川省灌县的岷江干流上。据史书记载，在公元前 250 年左右，由秦国的蜀郡守李冰修建。

㊳“蜀道难，难于上青天”。你知道古人是如何在峭壁摩云、峰峦叠嶂的崇山峻岭中凿岩铺路的吗？

四川省广元县的广元古栈道，向我们展示了以雄险闻名于世的古代栈道工程。它是古人在悬崖峭壁上凿孔、架木、铺板而成的山路。孔分上中下三层排列，中层孔插木桩，上铺木板成行道；下层为支撑孔；上层孔插木搭篷蔽雨，形成一道蜿蜒于绝壁间的凌空长廊。栈道途中遇有比较宽阔平坦的地方，每隔相当距离修一亭阁，供行人歇脚。

栈道开凿始于战国时代，从陕西勉县开始，越过大巴山，横跨嘉陵江，经剑阁最后到达梓潼，全长 770 公里。现在，栈道已不存在，但是，从这些数不尽的栈孔，不难想见古人进出四川盆地是何等艰难。

㊴古代僰人葬俗中最奇特的方式是什么？为什么要采取这种形式？有几种安置方法？

古代僰人葬俗中最奇特的方式是悬棺葬。据说进行悬棺葬是对死者的尊敬，悬棺越高，安放越难，越显得丧仪隆重。

悬棺的安置方法大致有三种：一是在峭壁上凿孔，把木桩打入孔内，再把棺材横放在木桩上；二是把棺材安放在半露天的天然岩洞里；三是人工凿洞，把棺材一半插入洞内，一半留在外头。

那么古人到底是用什么办法，把这些沉重的棺材，安放在离地面十几米、几十米，以致百米以上的峭壁上去的呢？如今，还没有人很有把握地说出这个谜底来。

㊵汉武帝时，将全国分为十三州，荆州是其中之一。那时荆州的辖境相当于现在哪些地方？州府设在哪里？

那时的荆州包括现在湖北、湖南两省和河南、贵州、广东、广西等省区的一部分。州府在今湖南常德市附近。

㊶南京在古代历史上何时第一次成为帝都？有多少个朝代在南京建都？

东汉末年，孙权将吴国都城从京口(镇江)迁到秣陵，改名建业(南京)。后为了和刘备争夺荆州，向长江中游扩展势力，将都城迁往武昌，开始称帝。一年后，又匆匆迁回建业(南京)。此时南京第一次成为帝都。

从东吴开始，到东晋，再到南朝时期的宋、齐、梁、陈四个王朝，一共是六个朝代以南京为都，前后共 322 年。这就是历史上有名的“六朝时代”。

㊷你知道王昭君的故事吗？

王昭君的本名叫王嫱，生于湖北省兴山县，西汉元帝时入宫为妃。据晋代葛洪《西京杂记》所传，因宫女太多，汉元帝命画师画宫女容貌，按图之美者召幸。这样一来，待选宫女便向画师毛延寿行贿，昭君不贿画师，被画得很丑，一直未被如幸。竟宁元年(公元前33年)，匈奴首领呼韩邪单于到长安朝见汉元帝，请求和亲。昭君自愿请行，出嫁匈奴。临行时元帝才发现她容貌出众，但已不便挽回。昭君嫁至匈奴，为汉匈之间的亲善和好作出了贡献。传说昭君出塞前回故乡省亲，船过香溪，昭君洗脸时将颈珠掉入溪中，从此溪水常年芳香馥郁，称作香溪。

㊸诸葛亮曾在何处隐居？你知道“三顾茅芦”的典故吗？

诸葛亮曾在湖北襄阳隆中隐居。公元207年，刘备为复兴汉室，求贤若渴，三次亲赴隆中，请诸葛亮辅佐。诸葛亮感于刘备的诚心和匡扶汉室的决心，提出了著名的《隆中对》，并随即出山，辅助刘备奠定了“三分天下”的基业。

㊹成都武侯祠大门门额上为什么写的是“汉昭烈庙”？

“昭烈”是刘备的谥号。这里既是诸葛亮的祠堂，又是刘备的灵庙。原来，刘备死后归葬成都，并在此修建了刘备庙。诸葛亮死后不久，也在成都建了武侯祠。明代蜀王朱椿认为，这种君臣并立的现象不成体统，便把武侯祠并入了刘备庙。这反映了“君尊臣卑”的封建等级观念。然而，尽管如此，丞相与君主相比，丞相更有名气，人们对刘先主的大庙并不特别看重，总还是叫它“武侯祠”。

㊺白帝城是如何得名的？为什么又被人誉为诗城？

白帝城位于四川省奉节县城东瞿塘峡西口的长江北岸。西汉末年，公孙述据蜀称王，在山上筑城。传说因城中有口水井常冒白色雾气，宛如白龙飞天。公孙述故弄玄虚，说“白龙出井”，是他登基成龙的征兆，于是便自称“白帝”，改城名为“白帝城”。公孙述死后，当地人为他建庙立像，叫白帝庙。

白帝城因其瑰丽的自然风光，珍贵的文物古迹，美妙的神话传说，吸引了众多诗人墨客。唐代的李白、杜甫、白居易、刘禹锡，宋代的范成大、陆游、苏轼、黄庭坚等著名诗人，都曾经到过这里，留下了许多脍炙人口的诗句。“诗圣”杜甫，曾在奉节寓居两年，写下了437首诗篇，因此，白帝城被游人誉为“诗城”。

㊻白帝城内珍藏的历代诗文、碑刻甚多。你知道有多少块碑刻吗？最珍贵的有哪些？

白帝城内珍藏有隋、元、明、清各代碑刻74块，分东西两个碑林陈列。其中，最珍贵的有隋代的龙山公墓志碑，书法刚劲疏朗，熔南北两派书法于一炉，距今约有1 400年的历史。此碑碑石上侧边沿处，刻有“同治九年六月十九日大水为灾，高于城五丈”的文字。同治九年为公元1870年，这碑刻是目前已知近100多年来，长江最大的一次洪水的水情实录，具有重要的科学价值。另外，还有两方别具风格的碑刻最引人注目。一方是“凤凰碑”，因刻有号称鸟中之王的凤凰，花中之王的牡丹和树中之王的梧桐，又称“三王碑”。还有一方是书画合一、独具特色的“竹叶碑”，乍看是三枝翠竹，细看却是一首五言诗：“不谢东君意，丹青独自名，莫嫌孤叶淡，终久不凋零。”诗画融为一体，诗中有画，画中有诗。

㊼你知道“白帝城刘备托孤”的故事吗?

三国时期，刘备为了替关羽和张飞报仇，不听劝阻，举兵东下伐吴。彝陵一战，被东吴大将陆逊“火烧连营七百里”，败退至白帝城，郁闷而死。临终前，在白帝庙召见诸葛亮，郑重地将儿子刘禅相托。这就是历史上有名的“白帝城刘备托孤”。

㊽长江流域有几个赤壁？最著名的“文赤壁”和“武赤壁”各在何处？为什么称“文赤壁”和“武赤壁”?

据史书记载和历史相传，武汉附近叫赤壁的地方有五处之多，蒲圻、汉川、汉阳、武昌、黄冈境内均有赤壁。但最著名的要属黄冈、蒲圻两处。

“文赤壁”即“东坡赤壁”，位于湖北省黄冈县西门外。因断岩临江，突出下垂，形成壁，形如悬鼻，古称赤鼻，又名赤鼻矶。宋元丰三年(公元1080年)苏东坡谪贬黄州，认为该处赤壁是三国赤壁战场，写下前后《赤壁赋》及《赤壁怀古》等不朽篇章。从此，黄州赤壁遐迩闻名。清康熙在查修时定名为“东坡赤壁”，以区别三国赤壁，人们称它为“文赤壁”。

“武赤壁”即三国赤壁，位于湖北省蒲圻县西北36公里的长江南岸。东汉建安十三年(公元208年)，孙权、刘备联军，在此用火攻大破曹操战船，当时火光照得江岸崖壁一片通红，“赤壁”因此得名。赤壁之战奠定了三国鼎立的局面，创造了中国历史上以少胜多、以弱胜强的著名战例。为区别于“东坡赤壁”，人们将三国赤壁称为“周郎赤壁”或“武赤壁”。

㊾江南三大名楼指的是哪三座楼？它们分别始建于何时？留下了哪些名篇佳作？

江南三大名楼指的是岳阳楼、黄鹤楼与滕王阁。

岳阳楼：位于湖南岳阳。唐开元四年(公元716年)，中书令张锐在鲁肃阅兵台上建一楼阁，定名岳阳楼。北宋庆历四年(公元1044年)，岳阳郡守滕子京重修，并请范仲淹写《岳阳楼记》，由书法家苏子美书写，雕刻家邵竦刻字。在宋代，滕楼、范记、苏书、邵刻，号称岳阳楼“四绝”。

黄鹤楼：位于湖北武汉。始建于三国吴黄武二年(公元223年)，历代屡毁屡修。历史上最后一座黄鹤楼，建于清同治七年(公元1868年)。历代诗人到此摹景抒情，留下诸多著名诗篇，而以唐崔灏《登黄鹤楼》、李白《送孟浩然之广陵》最为脍炙人口。“故人西辞黄鹤楼，烟花三月下扬州。孤帆远影碧空尽，唯见长江天际流。”是诗仙李白留下的千古绝唱。

滕王阁：位于江西南昌。唐永徽四年(公元653年)，高祖子滕王李元婴为洪州都督时始建，阁以封号命名。后阁伯玙任洪州牧，于阁上宴请群僚，王勃即席作《滕王阁序》而闻名于世。文中“落霞与孤鹜齐飞，秋水共长天一色”为千古绝句。

㊿武汉有“白云黄鹤”的故乡之美誉。你知道有关黄鹤楼的传说吗？

很久以前，有位姓辛的人家在蛇山上开了个小酒店，有个道士常来此吃酒，店主人总是热情招待而不肯收钱。为了感谢主人的款待，道士临别时，用橘子皮在白墙上画了一只黄鹤。顾客如果拍手招引，这只黄鹤便从墙上飞下来，翩翩起舞。酒店因此生意兴隆。10年后，这个道士又云游蛇山，取出铜笛吹奏，黄鹤听见笛声，展开双翅，载着道士穿云飘然飞去。于是，店主人便在此建楼，取名黄鹤楼。

51东晋诗人陶渊明的故乡在哪里？被诗人陶渊明描写的具有田园风光的世外桃源在哪里？

陶渊明故乡原在庐山南麓的柴桑，后因家遭火灾，移居现在庐山脚下的栗里。陶渊明曾任彭泽令，因“不为五斗米折腰”而归隐田园。

被诗人陶渊明描写的具有田园风光的世外桃源传说位于湖南省桃源县西南约15公里处。自陶渊明作《桃花源记》以来，前往寻幽探胜者络绎不绝。

52唐代文成公主远嫁吐蕃，为汉藏经济文化交流起到哪些促进作用？

唐贞观十五年(公元641年)，文成公主与松赞干布的结亲，是一次大的汉藏文化交流。当年作为陪嫁的礼物，除有大批绸缎、器皿、饰物、饮料，以及各种农作物的种子、药品、医书、历法、法典、诗文、佛像等外，还带去了各种工匠、艺人、医生、学者，把当时先进的盛唐文化传入西藏，为藏族经济和文化的发展，起到了积极的作用。西藏人民养蚕织帛、碾麦磨面都是从那时开始的。文成公主在西藏生活了40年，为汉藏人民的友好和西藏经济、文化的发展作出了不朽的贡献。

藏族人民为纪念文成公主进藏，在青海省玉树藏族自治州首府玉树城南25公里的通天河畔，修建了文成公主庙。

53纳西族的故乡在哪里？他们什么时候开始与中原地区有商旅往来？

纳西族的故乡在丽江。她在银光闪烁巍峨壮丽的玉龙雪山下，波涛汹涌、奔流不息的金沙江畔。纳西族同胞就聚居在这里。早在1 000多年前的唐代，纳西族就已开始与中原地区进行商旅往来了。

54你知道勤劳智慧的纳西族人民用其古老的象形文字，编写了一部什么书？

纳西族历史悠久，远在1 000多年以前，纳西族人民就创造了古老的象形文字，并用它写成了 500 多卷、700 多万字的《东巴经》。这部书记载了古代纳西族人民从奴隶社会到封建社会这一漫长历史时期的社会生活，是研究纳西族文化、历史、宗教的经典。

55中国四大佛教圣地是哪四个？有几个在长江流域？

中国四大佛教圣地即安徽省九华山、四川省峨眉山、山西省五台山、浙江省普陀山。九华山和峨眉山在长江流域。

56世界第一大佛位于何处？历时多少年修成？它有多大？

世界第一大佛位于四川省乐山市凌云山西壁，岷江、青衣江、大渡河三江汇合处，称乐山大佛。大佛为依凌云山栖鸾峰断崖凿成的一尊弥勒坐像，故又名凌云大佛。大佛从唐开元元年(公元 713 年)开始雕凿，于唐贞元十九年(公元 803 年)完成，前后历时约90年。相传当时凌云寺的通海和尚见江水汹涌，常覆舟溺人，为了镇压水势，使船只能安全行驶，发起修造这尊大佛。

大佛高71米，宽28米，头部与山齐平，佛足直踏江边。古人说“山是一座佛，佛是一座山”。光说它的高度也许还不能体会到它有多“大”，经测量，它的头部高14.7米，耳朵长7米；头上有许多螺髻，一个螺髻可以放上一张大圆桌；耳朵中间可并立2人；脚背宽8.5米，可围坐100余人；一个脚指就有1.6米长。凭这一连串的数字，你就不难想像这尊大佛是何等规模了。

㊼“石刻之乡”指的是什么地方？

四川省大足县境内，共有摩崖石刻点、石刻群40余处，历时250余年，有唐、宋以来历代宗教造像50 000余尊，总称大足石刻，被后人誉为“石刻之乡”。

大足石刻与云冈、龙门、敦煌齐名，是研究我国文化艺术及宗教史的宝库。

㊽你知道“水下碑林”在哪里吗？它在水文学方面有什么价值？

“水下碑林”在四川省涪陵县城北的长江中，为一东西长1 600米、南北宽10～15米的天然石梁。因这里景色优美，白鹤群聚，故名白鹤梁。白鹤梁常年淹没水下，只在最枯水位时，才露出江面。白鹤梁上共有石刻鱼图14尾，石刻题记163题，雕刻工整而精细。14尾鱼中，有一尾为主体浮雕，其余为平面线雕。最古老的一尾，刻于唐广德年间，距今已1 200多年了。最近的两尾出自清康熙二十四年，至今也有300年的历史了。诗文题记有隶、篆、行、楷各种字体和少数民族文字，被后人誉为“水下碑林”。

从这些题刻中，可以获得唐代以来1 200多年间一系列宝贵的历史枯水资料，相当于长江上的一处“古代水文站”。它比1865年在长江上设立第一根水尺(江汉关水位观测记录)要早1 102年，是特别珍贵的长江枯水记录。

59 中国南方“四大丛林”是哪四个？

中国南方的“四大丛林”是指四川省成都宝光寺、文殊院，江苏省镇江金山寺，浙江省天台高明寺。

60 唐代中国佛教文化交流的使者是谁？他是哪座寺庙的主持？他是经过多少次东渡才最终到达日本的？

唐代中国佛教文化交流的使者是鉴真和尚。他是扬州大明寺的主持。唐天宝二年(公元743年)，他应日本僧人邀请，开始东渡日本，10年间5次东渡失败，双目也失明了。鉴真和尚决心不变，终于在天宝十二年(公元753年)第六次东渡成功，终于到达日本。

61 “诗仙”李白的故乡在哪里？有哪些遗址？

李白的故乡在四川省江油市西南15公里的青莲场。青莲场山环水绕，环境优美。现存遗址有陇西院、太白祠、衣冠墓、洗墨池、月圆坟等。陇西院为李白故居，月圆坟是李白妹妹的坟墓，太白祠为清代建筑，现仅存三殿两院。

㉒唐代大诗人李白几过三峡?

唐代大诗人李白,曾经三次经过壮丽的长江三峡,留下不少诗作。公元 725 年,李白 25 岁时第一次经过三峡,他写道:"桃花飞绿水,三月下瞿塘,雨色风吹去,南行拂楚王。"(《宿巫山》),意思就是:红艳艳的桃花随着碧绿的江流飞腾,轻盈盈的风儿拂动着如帘的雨丝飘来舞去,令人想起了来三峡避暑并留下风流韵事的楚王。李白过三峡后仍留恋于三峡景色,在《巴女祠》、《江上寄巴东故人》、《清平调词》、《观元丹邱坐巫山屏风》等诗中均有吟咏。

公元 758 年,由于受永王李麟牵连坐罪,诗人被流放夜郎(今贵州梓桐一带),第二次来到三峡。"巫山夹青天,巴水流若兹。巴水忽可尽,青天无到时。三朝上黄牛,三暮行太迟。三朝又三暮,不觉鬓成丝。"(《上三峡》)写得凄凄戚戚。

诗人二过三峡到白帝城。由于大赦,李白因而获释。意外的喜讯,在诗人绝望的心头添入了生机。翌日,诗人返舟东下,踏上了三过三峡的行程。水流湍急,舟行若飞。诗人伫立船头,久束的灵感又如脱缰野马,不禁吟起了千古绝唱:"朝辞白帝彩云间,千里江陵一日还。两岸猿声啼不住,轻舟已过万重山。"诗人借下水帆船航行迅捷表现了自己遇赦获释的轻快心情。

㉓唐代诗人刘禹锡所著《陋室铭》中的陋室在哪里?

《陋室铭》中的陋室在安徽省和县城内,是刘禹锡任和州刺史时修建。所著《陋室铭》由著名书法家柳公权书并勒之成碑。因年代久远,室与碑均毁,清乾隆年间,知州宋思仁重建。现有陋室 9 间和岭南金保福补书《陋室铭》碑一方。

64“安得广厦千万间，大庇天下寒士俱欢颜”出自杜甫的哪一首名篇？是在什么地方作成的？

该名句出自《茅屋为秋风所破歌》一诗。是杜甫流寓成都时，在浣花溪畔的杜甫草堂所作。

65你知道三峡的神话传说吗？

自从盘古开天辟地之后，三峡地区就是个非常美丽的地方，山川奇景，绚丽多姿，流青滴翠，禾香千里。有一天，从东海窜来十二条蛟龙，看上了这里风光旖旎的山川，从此盘居在三峡。它们不安分守己，随意追逐嬉戏，奔腾飞跃，张牙舞爪，搞得天昏地暗、日月无光，引来狂风暴雨，造成洪水泛滥，百姓遭到惨不忍睹的浩劫。

在月宫中有位美丽善良的瑶姬姑娘，是王母娘娘最宠爱的幼女。因天宫生活刻板寂寞，瑶姬就和众姐妹下凡到人间游玩。一天，路过三峡时，明媚的天空突然乌云翻滚，原来是十二条恶龙为非作歹。瑶姬见此情形，怒不可遏，便引来天雷，击毙了十二条孽龙。这些恶龙死后，却又化成重重高山峻岭，堵塞江流，引起江水倒流，肆虐神州大地，淹没无数田园和村庄。

英雄大禹，为了拯救百姓，来到三峡。他带领百姓，开山排水，筑坝截流，历时八载，三过家门而不入。大禹精神感动了瑶姬，授予大禹天书一卷，帮助夏禹凿开雄伟壮丽的三峡，使滔滔江水一泻千里，流入东海，从此百姓重返家园，安居乐业。

66三游洞在哪里？因何得名？

在湖北省宜昌市西北 10 公里西陵山的山腰，西陵峡口处。据史书记载，唐元和十四年(公元 819 年)，诗人白居易、元稹和白行简(白居易之弟)3 人同游此洞，各赋诗一首，由白居易作《三游洞序》写在洞壁上。自此，该处即被称为“三游洞”。宋代著名文学家苏洵、苏轼、苏辙父子 3 人于嘉祐元年(公元 1056 年)冬同游此洞。每人亦各题诗一首书于洞壁，人称“后三游”。

三游洞洞深约 30 米，宽约 23 米，高约 9 米，为石灰岩溶洞。3 根石柱将洞内隔成相通的两室。前室明旷，各代题记、壁画诗文满壁。后室幽奥，洞壁间洞中有洞。

㊻宋代理学中心在哪里？有哪些代表人物？

宋代曾有一些名人到庐山办教育，传授知识。庐山因此成为宋代理学中心。代表人物有北宋哲学家周敦颐，南宋哲学家、教育家朱熹。

㊽宋代“四大书院”是哪四个？

宋代“四大书院”是指白鹿洞书院、睢阳书院、石鼓书院、岳麓书院。

㊾“梦溪园”是谁的居所？他有哪些著作？

“梦溪园”是北宋科学家、政治家沈括晚年居住的地方。沈括 30 岁时，曾梦见一个风景秀丽、溪水潺潺之地。晚年居润州(今镇江一带)，见此处景物极似梦中之境，遂筑“梦溪园”。以其平生所见所闻，写成《梦溪笔谈》26 卷，又写《补笔谈》3 卷，《续笔谈》1 卷。

⑳毕昇是哪里人？他发明了什么？

毕昇是湖北省英山县草盘地镇毕家铺人。北宋庆历年间，毕昇发明了活字印刷术，被称为中国古代四大发明之一。

㉑长江流域至今保存较好的历史古城有哪几座？

长江流域至今保存较好的历史古城有3座，分别是荆州城、南京城和襄阳城。

㉒苏州有哪四大名园林？各有哪些特点？

苏州四大园林即沧浪亭、狮子林、拙政园、留园。

宋代的沧浪亭：石桥回廊，假山高亭，老树枯藤，修竹苔藓，亭榭水波、参差错落，内景外景、掩映有致；复廊蜿蜒，漏窗斑斓。

元代的狮子林：假山独多，空明剔透，盘旋曲折。假山周围，衬以荷池，池上架九曲桥，沿石峰穿街，峰回路转，宛若置身山谷之中。

明代的拙政园：水面约占全园面积的3/5，用桥和走廊彼此联系，莲花出水，风送清香，有江湖、山村的野趣。全园建筑疏落有致，长廊填塞虚空，岛屿土丘映衬，布局十分清幽和谐。

清代的留园：结构布局，富丽工巧，到处有亭台楼阁、轩榭厅堂，全用曲折的走廊连接起来。

㉓雨花台的名字从何而来？

雨花台在南京中华门外，是一座苍翠欲滴布满砾石的小山岗。传说在南朝时的梁代(公元502～556年)，曾有位名唤云光的法师在这里设坛布经授法。他信仰的虔诚，感动了上苍，因而天上降下了花雨。从此，这座山岗就取名雨花台了。

74 你知道莫愁湖的传说吗?

相传在南朝时，洛阳有个少女名叫莫愁，因卖身葬父，远嫁建康，住在湖边。婚后她丈夫去戍边，莫愁却遭到公公的欺凌，愤而投湖而死。人们怀念她，就把这个湖改名为莫愁湖。

75 湖南大学校园内的著名书院是哪一个?

湖南大学校园内的著名书院是岳麓书院。书院始建于宋开宝九年(公元976年)，祥符八年(公元1015年)宋真宗赐以"岳麓书院"匾额，为宋代四大书院之一。

76 "鬼城丰都"是如何得名的?

"鬼城丰都"是由古书上的一处笔误造成的。相传汉代有两人名叫阴长生、王方平，曾先后在丰都县城东北角平都山修道成仙，白日飞升。到了唐代，有人误将"阴"和"王"两人的姓连为"阴王"，再讹传为"阴间之王"，于是丰都就成了"阴曹地府"。唐代以来，丰都陆续建立许多寺庙，光是丰都山麓就有玉皇殿、阎王殿、阴阳界、鬼门关等70多座。现有大雄殿、天子殿、报恩殿等。山顶天子殿高大雄伟，其内有六曹、十帅、四大判官等神像，两侧为十八层地狱。

77 九江市历史最悠久的古迹是什么？

九江市历史最悠久的古迹应属浪井。此井为西汉灌婴修城时所掘，故名灌婴井，后来湮塞了。孙权到九江后，又掘出这口古井，发现井壁有铭文："颍阳侯所开，开三百年当塞，塞不百年当为应运者所开。"孙权见了大喜，以为是吉祥之兆，遂取名为瑞井。因井紧靠长江边，每当大风吹起，江涛汹涌，井中有浪，故又名浪井。当地历来有"长江起浪，井内扬波"的说法。

78 你知道"瓷都"景德镇的镇名是如何来的吗？它原名叫什么？其产品有哪些特点？著名的四大瓷品是什么？

在距今900多年前的宋景德年间，宋真宗皇帝命令烧制一些御用瓷器，并烧注"景德年制"四字。从此，这个以生产瓷器著称的镇子就改名为"景德镇"。而它原来的名字——昌南镇，渐渐被人淡忘了。

景德镇瓷器产品以"白如玉，薄如纸，明如镜，声如磬"著称。著名的四大瓷品为粉彩瓷、青花瓷、玲珑瓷、颜色釉瓷。

79 郑和第一次下西洋是哪一年？先后几次下西洋？比哥伦布发现新大陆的航行早多少年？

郑和1405年由苏州刘家港出发，到达占城、爪哇、旧港、苏门答腊、满剌加、古里、锡兰等国，于1407年回国。郑和先后7次率62艘船舶、27 800多人的大型船队出使南洋群岛和印度洋一带30多个亚洲国家和地区，比哥伦布1492年发现美洲新大陆早87年。

⑧⓪明代地理学家和旅行家徐霞客是哪里人？他对江源考察后得出了什么重要结论？

徐霞客是江苏省江阴人。徐霞客青年时代起就奔波于祖国的名山大川，并将观察所得按日记载。在他所写的《江源考》中，指出金沙江为长江的正源，纠正了“岷山导江”的偏颇。

⑧①中国古代最大的一部百科全书是哪一朝代的什么书？全书共多少卷，多少字？在何处编成？

中国古代最大的一部百科全书是明朝《永乐大典》。全书共22 937卷，达37 000多万字。在当时全国的出版中心南京编抄成书。

⑧②地震碑林在哪里？

地震碑林在四川省西昌市郊东南泸山光福寺，共有石碑100多座。刻记了西昌、冕宁、甘洛、宁南等地历史上发生地震的资料。对明嘉靖十五年(公元1563年)、清雍正十年(公元1732年)、清道光三十年(公元1850年)西昌地区3次大地震发生的时间、前震、主震、余震、受震范围以及人畜伤亡、建筑物破坏等情况，均有详尽记载。

⑧③李时珍的家乡在哪里？他写《本草纲目》用了多长时间？

李时珍的家乡在湖北省蕲春县。李时珍是明代杰出的医药学家，一生著书10余种。为了纠正古代记载本草中存在的谬误、遗漏，决心编修本草学。他上山采药，深入民间，参考了800余种书籍，以近30年的时间，先后3易其稿，写成集明代以前本草学大成、被誉为“东方医学巨典”的《本草纲目》。

84灵谷寺内的无梁殿有什么特点？

灵谷寺原叫开善寺，位于南京市中山南麓。朱元璋修建自己的陵墓时，将开善寺迁至钟山东麓，改名灵谷寺。寺内仅存的一座古建筑叫无梁殿，“宽凡五楹，广十四丈，高六丈六尺”，不但无梁，也没有一根木柱，全部用砖石砌成。

85清代桐城派是怎样的一个文学流派？

清代桐城派是清代著名的散文流派。方苞所开创，刘大魁、姚鼐等又进一步加以发展。因多为安徽桐城人，故称桐城派。主张学习《左传》、《史记》和唐宋韩愈、欧阳修等人的作品，追求文章语言“雅洁”的风格，在清代颇有影响。

86泸定桥是现存的著名古老铁索桥。它是哪年修建的？共有多少根铁链？每根铁链重多少？

泸定桥为大渡河铁索桥，始建于清康熙四十四年（公元1705年），历时5年建成。康熙帝御书“泸定桥”匾额挂于桥头。桥净跨长103.7米，由13根铁链组成，其中9根并列，上铺木板，供人马通行；另4根分列两旁作栏杆。铁链每根重约2.5吨。

87 中国近代历史上第一个不平等条约是什么条约？是什么时候，在什么地方签订的？条约的主要内容是什么？

中国近代历史上的第一个不平等条约是《中英南京条约》。1842 年 8 月 29 日在南京下关的英国军舰“康华利”号上签订的。

条约主要内容有：中国割让香港给英国；赔偿鸦片费六百万元，商欠费三百万元，军费一千二百万元，共二千一百万元；开放广州、福州、厦门、宁波、上海五处为通商口岸；中国政府抽收英国商人的进出口货物税率，都要和英国一起议定，中国无权自己确定；废除“公行”制度，英国商人在各口岸可以随意和中国商人交易。

88 焦山摩崖石刻和碑刻中有哪些大书法家的手笔？

在焦山西麓的山岩上，留有唐宋以来一二百人的题刻，其中最珍贵的要属宋代大书法家米芾和陆游的题诗。康有为也留下了墨迹。焦山还有 263 方碑石，堪称江南一大碑林。书圣王羲之的《瘗鹤铭》，被誉为“大字之祖”的稀世珍品。

89 扬州园林以叠石为胜，其中个园备受游人称道。你知道个园是由谁修建的，有哪些特点吗？

个园位于扬州市东郊，是清代嘉庆、道光年间由盐商两淮商总黄应泰所建。

个园以假山叠造精巧著名，采取分峰叠石手法，运用不同颜色、不同产地、不同形状、不同质地的石料，表现出春夏秋冬四季特色，号称四季假山。进入园中，看到石笋插于林中，着意雨后春笋，挺拔山林，体现春景的生机；夏景在浓荫掩映的荷花池畔，叠为藕状湖石，寓意荷藕飘香，炎夏荫凉；映入眼帘的秋景是一座高达 9 米多的黄山石，雄踞跌荡，表示秋高气爽；选用雪石叠堆雪狮园，隆冬银白，狮戏雪球，以雪突出冬景。游园一周，一年复始。

⑨⓪何谓“扬州八怪”？

清乾隆年间，扬州有 8 个风格相近的革新派画家及书法家。他们不局限于前人的笔墨陈规，各创新风，被当时的所谓正统派画家讥笑为画坛上的怪物。他们自己却以“扬州八怪”而自豪，独树一帜，开创了我国绘画技艺的新风。

⑨①“淮扬二绝”指的是什么？

扬州玉雕和漆器，称为“淮扬二绝”。

现在珍藏在北京故宫珍宝馆的白玉雕《大禹治水》，重 5.5 吨，高 1 米多，人物山水、神话故事，跃然活脱。这件玉器珍宝，就出自明代末期扬州玉雕艺术家之手。

扬州漆器除了雕刻彩绘外，还要加以镶嵌，即把骨石、象牙、玉料镶嵌在雕漆彩画的工艺品上，近看平如镜，远望似浮雕。

⑨②镇江以“三山”的风光闻名。“三山”是哪三座山？各有什么特色？

镇江的“三山”是指金山、焦山、北固山。古人曾经用几个字来概括镇江三山的特色：金山绮丽，焦山雄奇，北固山险峻。

93 秋瑾是哪里人？为什么称她为“鉴湖女侠”？

秋瑾是浙江绍兴人。早年为寻求救国真理，她只身东渡日本。1905年参加同盟会，积极投身革命，联络会党，组织光复军。她善于诗词，能骑马击剑，因此被称为“鉴湖女侠”。

94 鲁迅是我国现代伟大的文学家、思想家和革命家。他的作品中被称为中国现代文学史上杰作的是什么？

鲁迅的作品很多，比较杰出的有《狂人日记》、《呐喊》、《彷徨》、《二心集》、《且介亭杂文》等。特别是中篇小说《阿Q正传》是中国现代文学史上的杰作。

95 中国第一个农村革命根据地是什么时候在什么地方创建的？

中国第一个农村革命根据地是1927年10月在江西省西部的井冈山创建的。

96“八一”南昌起义是哪一年发动的？它在中国近代革命史上有何重大意义？

1927年8月1日凌晨2时，由周恩来、朱德、贺龙、叶挺、刘伯承等领导组织了南昌起义，打响了反对国民党反动派的第一枪，开创了中国共产党独立领导武装斗争和创建人民军队的新纪元。

97 为什么说遵义会议成为中国革命从挫折走向胜利的一个伟大转折点？

由于王明左倾冒险主义的错误领导，中央红军未能打败国民党军队的第五次“围剿”，被迫于1934年10月从江西的瑞金、雩都（今于都）和福建的长汀、宁化等地出发，开始了二万五千里长征。1935年1月，红军长征途中，在贵州遵义召开了党中央政治局扩大会议，结束了王明左倾冒险主义在党中央的统治，确立了毛泽东在全党全军的领导地位，把党的路线转移到了马克思列宁主义的正确轨道上。遵义会议在危急关头，挽救了红军，挽救了党，挽救了革命，成为中国革命从挫折走向胜利的一个伟大转折点。

98 在我国众多的碑林中，有一处独特的碑林，即红军标语碑林。你知道它在什么地方吗？

在四川省广元县城西1公里皇泽寺侧，保存有1933～1935年红四方面军在川陕革命根据地广元境内留下的标语100多条。标语主要反映红四方面军在川陕地区开展武装斗争、建立苏维埃政权、组织生产和文化建设等内容。

99 毛泽东主席在《菩萨蛮·黄鹤楼》一词中有“烟雨莽苍苍，龟蛇锁大江”的诗句。其中龟蛇指的是什么？

龟蛇指的是分立于长江武汉两岸的龟山和蛇山。两山夹江对峙，形势险峻，历为兵家攻守要塞。

龟山上的古晴川阁，是取崔颢《黄鹤楼》中“晴川历历汉阳树”的诗命名的，现在建有电视塔；蛇山上则有著名的黄鹤楼与电视塔隔江辉映。

⑩⓪“渡江战役”是什么时候打响的？解放了哪些重要城市？

1949年4月20日，国民党政府拒绝签订国内和平协定。中国人民解放军第二、三野战军全部24个军约100万兵力，坚决执行毛主席和朱总司令向全国进军的命令，于1949年4月21日晨，在西起湖口，东至江阴，长达500余公里的战线上强渡长江，彻底摧毁了国民党的长江防线。4月23日解放了国民党的统治中心南京，宣告了国民党反动统治的覆灭。接着各路大军向南挺进，5月27日解放全国最大城市上海。在此期间，第四野战军先遣兵团两个军，于5月15日由鄂东蕲春、黄岗地区强渡长江，5月16日解放汉口，17日解放武昌、汉阳。此役，共歼敌43万余人。这一胜利，为进军华南、西南创造了有利条件，加速了全中国的解放。

101小说《红岩》取材于什么地方的什么历史事件？

1943年，美国和国民党反动政府在重庆歌乐山合办“中美特种技术合作所”。这是一个训练特务的机关和迫害屠杀共产党人和进步人士的集中营。1949年11月重庆解放前夕，国民党反动派对囚禁在此的300多位革命志士进行了灭绝人性的集体大屠杀，制造了震惊中外的“11.27”大血案。《红岩》即取材于这些史实写成的。

102国务院公布的国家历史文化名城共有多少？长江流域有多少？它们分别是什么城市？

1982年和1986年，国务院分别公布了两批国家历史文化名城，共62座，其中位于长江流域的有23座。

第一批公布的有南京、苏州、扬州、杭州、景德镇、江陵、长沙、成都、遵义、昆明；第二批公布的有上海、武汉、南昌、重庆、镇江、常熟、南阳、襄樊、阆中、宜宾、自贡、镇远、丽江。

长江400问

社会经济篇

❶长江流域涵盖了我国19个省、市、自治区，你能说出它们的简称吗？

长江干流流经青、藏、川、滇、渝、鄂、湘、赣、皖、苏、沪11个省、市、自治区，支流流过甘、陕、黔、豫、浙、桂、闽、粤8个省、自治区。

❷长江流域大约有多少人口？聚集了多少个民族？除汉族外，你能举出5个人口较多的少数民族吗？

长江流域大约有4亿人口，占全国总人口的1/3以上。聚集了30多个民族，其中汉族占长江流域人口的95%以上。少数民族中人口较多的有：苗、彝、藏、壮、侗、瑶、土家、白、纳西等。

❸长江流域有多少座城市？非农业人口在100万以上的大城市有哪些？

长江流域有城市185座。非农业人口在100万以上的大城市有上海、南京、武汉、重庆、成都、昆明、长沙、杭州、南昌、贵阳等。

❹我国已发现的年代最早、规模最大的而且保存最好的古铜矿是什么地方的什么矿？属哪个年代？

年代最早、规模最大且保存最好的古铜矿应属湖北大冶铜绿山矿。据C^{14}测定为3 205±400年，属商代晚期或稍晚时期。铜绿山遗址矿区面积为8平方公里，已清理出西周至汉代各种井巷数百条。从中发现，当时的井下支护、通风、照明、排水工具等采掘设备与冶炼技术已有相当水平。

❺水稻的发源地在中国。它是古代农业文明的重要标志之一。你知道水稻起源于哪里吗?

现代考古成果表明,水稻的起源在长江流域。1973 年在浙江省余姚县首次发现约 7 000 年前长江下游地区河姆渡文化遗址中有大量的稻谷遗存,证明当时已有农业生产,已开始种植水稻。

❻迄今发现的最古老粮仓在哪里?

在江西省新干县界埠乡发现的新干界埠战国粮仓,是目前已发现的最早的粮仓。粮仓坐东朝西,呈长方形,长 61.5 米,宽 11 米。出土大量的炭化米粒,经鉴定为粳米。

❼中国历史上最早的成文法典是什么?

中国历史上最早的成文法典是云梦睡虎地秦简。1975 年,在湖北省云梦县睡虎地 11 号墓中,出土了大批秦简,包括《编年记》、《语书》、《秦律十八种》、《为吏之道》、《日书》等。简文内容反映了战国到秦始皇这一中国从诸侯割据转向中央集权制时期政治、经济,尤其是法律方面的内容。这些法律文书向人们展示了秦始皇统一中国之前的法律状况,被视为中国历史上最早的成文法典,其价值在中国乃至世界法制史上占有重要地位。

❽在古代,长江流域的经济是何时繁荣起来的?什么时候发展成为我国的经济重心?

在先秦时代(包括夏、商、周、春秋、战国),长江流域的经济发展一直落后于黄河流域,更确切地说,远低于黄河中下游流域，即现在的华北和陕西渭河一线的关中地区。从秦汉开始，长江流域的经济活动逐渐加强，东晋时已形成了一些重要的经济中心。到唐宋时期，王朝的政治中心虽然仍在北方，而经济的重心已经南移，主要移向了长江流域。

⑨为什么汉代在长江流域出现了许多贩运巨贾？

由于汉代所实施的“驰商贾之禁”的政策，消除了通商贸易的障碍，使经商成了当时最诱人的职业之一。《史记》说：“夫用贫求富，农不如工，工不如商，刺绣文不如倚市门”。于是官、私商贾活跃于大江上下。“陇蜀之货而多贾……江陵故郢都……通鱼盐之货，其民多贾……”。汉武帝时就连政府也直接参与了经商，组成了庞大的官办工商业体系。长江沿岸的商品或特产，无论是经商人收购集中，还是由他们分散销售，都必须经舟船运输这一环节才能完成。汉代的商业贸易，仍然处在贩运贸易，即贾贩“既成之物”的阶段。随着这种贸易的不断扩大，产品变成商品贩运的数量也就越多。因而，长江上的贩运巨贾相继出现，有的甚至拥有“船长千丈”。

⑩我国的资本主义萌芽发端于何处？

太湖平原土地肥沃，是我国重要的商品粮产区。我们的祖先早就在这里创造了原始的农业，而且也创造了长江的文明史。这里除了盛产粮食和经济作物以外，各种土特产品和农副产品的种类也十分繁多，有桑蚕、茶叶、油茶、柑橘、杨梅、枇杷等等。其中，洞庭山的名茶“碧螺春”和白沙枇杷，无锡的水蜜桃等，都是闻名全国的特产。由于太湖地区在经济上长期处于领先地位，我国的资本主义萌芽就发端于这一地区。

⓫长江流域现有耕地多少？全流域粮食产量占全国的比重多大？有哪些重要的粮、棉、油生产基地？

现有耕地 2 530 多万公顷，约占全国耕地总面积的 1/4。生产的粮食占全国粮食总产量的 36%以上，棉花和油料占全国产量的 1/3 以上。流域内成都平原、江汉平原、洞庭湖平原、巢湖平原、鄱阳湖平原、太湖平原、长江三角洲等都是我国重要的商品粮生产基地。

⓬在我国 52 种珍贵、稀有、特产动物中，长江流域有多少种？主要珍稀特有动物有哪些？

长江流域有 22 种珍贵、稀有、特产动物。名闻中外的主要珍稀动物有大熊猫、金丝猴、中华鲟、白鲟、白鳍豚、扬子鳄、朱鹮等。

⓭你知道长江流域有哪些古老珍稀的孑遗植物吗？

孑遗植物是第三纪冰期后残存下来的植物。长江流域的孑遗植物有国家一类保护植物水杉、银杉、珙桐，二类保护植物银杏、鹅掌楸、连香树和多种铁杉。

⓮全国三大林区，长江流域占有两个。你知道是哪两个吗？能否举出一些主要树种？

全国三大林区中长江流域占有两个。它们分别是川西滇北林区和长江中下游林区。川西滇北林区是仅次于东北林区的全国第二大林区，主要树种有：云南松、云杉、冷杉、高山栎、白桦、樟、楠等。长江中下游林区主要分布在鄂西、陕南、湘西、湘南、江西和皖南，主要树种除松、杉外，还有油茶、油桐、乌桕、漆树、女贞等。

⑮长江流域工业总产值占全国的比重多大？有哪几大钢铁生产基地？全流域钢产量占全国总产量的多少？

长江流域工业总产值占全国的 40% 左右。长江流域已形成武汉、上海、重庆、渡口、马鞍山、南京六大钢铁工业基地。全流域钢和钢材产量占全国总产量的一半左右。

⑯在我国已探明的 130 多种矿藏中，长江流域共有 110 多种。你知道驰名世界的“锑都”、“锡都”、“钨都”在哪里吗？

湖南省新化县锑矿山是世界最大的锑矿床，早在 1882 年就已开采，驰名世界百余年。累计探明储量 91.27 万吨，保有储量(金属量)35.11 万吨。该矿不仅储量大，而且容易采选。

云南省个旧市锡矿已探明储量 165.6 万吨，保有储量 83.37 万吨。矿石类型有氧化矿、硫化矿、砂锡矿等，是云南省及全国的主要锡业采、选、冶基地。

湖南省郴县柿林园钨矿是世界最大的多金属矿床所在地，有储量 62.49 万吨，工业储量 57.37 万吨。矿区水文地质条件简单，围岩物理性能好，矿石可选性能好。

⑰长江流域是我国磷矿最集中、最丰富的蕴藏区，其磷矿储量占全国已探明总储量的多少？主要分布在哪几个省份？产量最高的是哪个省？

长江流域的磷矿储量占全国已探明总储量的82%，且矿产质地优良。

长江流域的磷矿主要分布在鄂、黔、滇、川、湘5省。其中，湖北省的磷矿产量居全国各省之首。

⑱长江流域锰矿储量占全国总储量的多少？储量大于1 000万吨的大型锰矿全国有多少个？长江流域有几个？

长江流域锰矿储量约占全国总储量的一半。全国共有11个储量大于1 000万吨的大型锰矿，长江流域有7个。

⑲长江流域最大的铁矿区在哪里？

四川攀枝花市与西昌市之间的攀西地区，是我国仅次于东北鞍山、本溪地区的第二大铁矿区。在南北长达300公里的范围内，有攀枝花、白马、太和、红格等大型和特大型铁矿区，储量占长江流域总储量的45%，远景储量预测可达100亿吨左右。伴生的钒、钛储量不仅占全国储量的绝大部分，而且居世界首位，开发利用前景十分广阔。

⑳全国8大铜矿基地中，长江流域有几个？它们的储量占长江流域储量的多少？

长江流域有5大铜矿基地，即江西北部，西藏江达，川滇间金沙江两岸，安徽铜陵和湖北东南部。这5个地区铜的储量约占长江流域储量的90%以上。

㉑我国天然气储量最多的省是哪一个？占全国储量的百分比是多少？

我国天然气储量最多的省是四川省。其天然气储量占全国储量的63.6%。

㉒长江流域可开发的水能资源有多少？

长江流域可开发的水能资源大约为19 724.33万千瓦，占全国可开发水能资源的53.4%。

㉓金沙江的巨大财富在于它蕴藏着丰富的水力资源。你知道金沙江自青藏高原至四川盆地的落差有多大吗？其水能蕴藏量有多少？占长江流域蕴藏量的比例是多少？

金沙江从海拔3 500米的青藏高原开始，到海拔只有260米的四川盆地，长2 308公里，落差高达3 000多米。全部水能资源达1.1亿千瓦，可开发水电资源有9 600亿千瓦·时，占长江流域蕴藏量的43%，占全国的1/6，是一个取之不尽、用之不竭的巨大能源宝库。

㉔中国 12 个大型水电基地中，长江流域有哪几个？装机容量和年发电量分别占 12 大基地的多少？

根据我国能源开发的规划设想，将在水能资源丰富、自然条件良好的河流或河段，开发建设 12 个大型水电基地，其中长江流域境内有 7 个：金沙江（石鼓—宜宾）、长江上游干流（宜宾—宜昌，包括清江）、雅砻江（两河口—河口）、大渡河（双河口—铜街子）、乌江干流（洪家渡—涪陵）、湘西（资、沅、澧水）、闽浙赣水电基地。7 大水电基地的装机容量为 14 494.02 万千瓦，占 12 大基地的 68.62%；7 大基地的年发电量 7 315.39 亿千瓦·时，占 12 大基地的 73.49%。

㉕长江流域鱼类资源丰富，你知道长江水系有多少种鱼类吗？

长江水系中约有鱼类 370 种。其中纯淡水鱼类 294 种，咸淡水鱼类 22 种，海淡水洄游性鱼类 9 种，海水鱼类 45 种。

㉖长江流域是我国最重要的淡水鱼产地，被称为我国“四大经济鱼类”的是哪几种？

青、草、鲢、鳙被称为我国的四大经济鱼类。

㉗世界上现有鲟鱼多少种？我国有多少种？生长在长江流域的是哪几种？

全世界现有鲟鱼 25 种，我国有 8 种。中华鲟、白鲟、长江鲟 3 种生长在长江流域。

㉘长江流域鱼类资源保护，采取了哪些措施？

为保护长江流域鱼类资源采取的主要措施有：① 制定渔业法规。根据《中华人民共和国渔业法》和《中华人民共和国渔业法实施细则》等国家法规，制定了《长江中下游渔业资源管理暂行规定》，各省市制定了相应的《实施办法》。② 建立健全渔政机构。为了协调跨区域的渔政管理，成立了长江中下游渔业资源管理委员会，各省、市、县建立了渔政管理机构，负责各辖区的鱼类资源保护和渔业生产秩序的维护。③ 采取科学的管理方法。限制捕捞网具网目的大小，取缔有害渔具和捕捞方法，划定禁渔区和禁渔期，禁捕珍贵种类，征收资源保护费，实行捕捞许可制，对某些水域或某些种类进行人工繁殖流放，增殖和改造资源。此外，对重要渔业水域，控制工业污水排放指标。

㉙为什么说长江是一条“黄金水道”？

长江水量丰富，江水深阔，终年不冻，干流横贯东西，支流南北伸展，干支流通航里程 79 000 公里，占全国内河通航里程的 72.7%，贯通 9 省 2 市，与东西、南北 14 条铁路和众多的公路相交，加上民航交通构成联通大江南北、沟通海陆的交通网络。

㉚长江航运起于何时？

长江航运起源很早，约在 7 000 年前，先民们便架着独木舟开始了原始航行的行程。长江航运的渐渐兴起和繁盛，对中华民族的形成、发展贡献恢宏，功不可量。

㉛宋代的造船工业中心是哪里？造船业对航运发展有何促进作用？

宋代造船的中心是临安(今杭州)、建康(今南京)和平江(今苏州)三个地方。其他如扬州、明州、温州、潭州(今长沙)、衡州(今衡阳)、赣州等地，也都设有造船工厂。那里荆湘大米，大量东下扬州，返航载回淮盐。湖南的木材，编筏而下，其大者在筏上居住人家，豢养鸡犬，乃至种植菜圃。

㉜我国第一台蒸汽机和第一艘机动船是在哪里制造的？

1862年，在安徽省安庆市的军械所，成功地研制了我国第一台蒸汽机和第一艘机动船。这在我国民族工业发展史上写下了光辉的一页。因此，安庆是我国民族工业的重要发源地。

㉝长江干流上的对外开放港口有哪些？中国最大的海港是哪个港？最大的内河港是哪个？

对外开放的港口有：南通、张家港、江阴、高港、扬州、镇江、南京、马鞍山、芜湖、铜陵、安庆、九江、黄石、武汉、城陵矶、重庆。

上海港是我国最大的海港，南京港是江海直达的最大的内河港。

㉞长江水系吞吐量在1万吨以上的内河港口有多少个？吞吐量在100万吨以上的重点港口有多少个？吞吐量在1 000万～3 000万吨的港口有多少个？

长江水系吞吐能力在1万吨以上的港口有1 168个，100万吨以上的重点港口63个，1 000万吨以上的港口4个(武汉、南京、镇江、南通)。

㉟中国历史上的“四大米市”是哪四个?

中国历史上的四大米市是指无锡、芜湖、九江、长沙。

㊱明末清初，中国的四大名镇是哪四个?

明末清初的四大名镇是指河南省朱仙镇、湖北省汉口镇、江西省景德镇、广东省佛山镇。

㊲武汉素有“九省通衢”之称。你知道这一雅称的来历吗?

武汉处于长江干流与其重要支流汉江的汇合处，“上通巴蜀，下联江浙，南通湘桂，北联陕豫”，自然形成了以武汉为中心的长江中游水运网。而历史上，湘、滇、黔、蜀、陕、豫、赣、皖、苏等省的物资都要来武汉集散，因而称“九省通衢”。

㊳长江流域有许多各具特色的名城，如山城、江城等因地理环境而得名。你知道“气城”、“甜城”在哪里?它们因何而得名?

提起泸州，人们知道它以泸州老窖、郎酒闻名于世，享有“酒城”的美誉。其实，对泸州发展最有意义的已不仅是大曲酒，而是天然气。泸州约有500亿立方米的天然气储量。因天然气工业的发展，泸州已成为有名的“气城”。

位于长江支流沱江中游的内江市，因其盛产甘蔗、白糖、冰糖、蜜饯及其他糖食制品享有盛名，而号称“甜城”。内江生产蜜饯已有 300 多年的历史，腌制方法和选料上均有其独特之处，无论瓜果、蔬菜、花朵、药材，均可入蜜，且具有饱糖、保汁、保本味、保原型和色泽鲜明、滋润化渣的特点。

㊴我国“南丝绸之路”起于何处，经过何处，到达何处？

开拓于公元前 4 世纪的南方丝绸之路，起于四川成都，经过云南、缅甸和一些南亚国家。四川的丝和“蜀绵”、“蜀布”等在印度大量销售，并传到西亚和欧洲。

㊵第一座跨越长江的大桥是哪一座？万里长江第一桥是哪座桥？

第一座跨越长江的大桥是武汉长江大桥。武汉长江大桥 1955 年动工，1957 年建成通车。该桥位于龟、蛇两山之间，为铁路公路两用双层钢桁架桥，全长 1 670.4 米。

位于沱沱河上的沱沱河大桥是万里长江第一桥。

㊶长江流域第一条铁路是哪条？目前铁路干线有哪些？

长江流域第一条铁路是吴淞铁路，建于 1876 年，全长 14.5 公里。

目前铁路干线有成昆、宝成、成渝、贵昆、川黔、湘黔、黔桂、襄渝、阳安、汉丹、焦柳、京广、浙赣、淮南、宁铜、京沪、沪杭、宣杭、京九线等。其中纵贯南北的有 7 列，即京沪线、淮南—皖赣线、京广线、焦枝—枝柳线、成渝—川黔—黔桂线、宝昆线、京九线；横穿东西的有两列，襄渝—阳(联)安(康)—汉丹—武(汉)沙(河街)线，沪杭—浙赣—湘黔—贵昆线。

㊷长江流域公路密如蛛网，你知道流域内通车里程有多少公里？有几条国道穿越其间吗？

长江流域公路发达,公路通车里程近 40 万公里。流域内有国道 25 条，4.26 万公里。

㊸长江流域有哪些国家自然保护区被确定为国际“人与生物圈”自然保护区网成员和列入《世界遗产名录》?

长江流域有国家自然保护区 19 个，国家森林公园 5 个。四川省卧龙自然保护区、湖北省神农架自然保护区、贵州省梵净山自然保护区被确定为国际“人与生物圈”自然保护区网成员。四川省九寨沟自然保护区、湖南省张家界森林公园和安徽省黄山自然保护区则被列入《世界遗产名录》。

㊹中国第一座国家森林公园是哪个？

湖南省西北部的大庸县张家界国家森林公园，面积 80 万平方公里，1982 年被划定为中国第一座国家公园。这里是温带、亚热带落叶乔木树种最集中的地区之一，拥有世界上 5 大名科植物：菊科、兰科、豆科、蔷薇科和禾本科，共 93 科，517 种。有许多古老树种和珍稀树种。还有绵延数公里的 3 000 多座奇峰；有 40 多种珍禽异兽。

㊺中国第一座亚高山植物园在哪里？园内植物有多少种？

1934年，由植物学家秦仁昌（1898～1986年）创建的庐山植物园，是我国第一座亚高山植物园。植物园坐落在含鄱岭与大月山之间的大谷，面积300万平方米。园中云集着国内外3 400多种植物，收集有国外10万多种植物标本。

㊻中国的"国宝"是什么动物？有活化石之称的最古老的动物是什么？现存的体型最大的两栖类动物是什么？

大熊猫是我国的国宝，生活在四川西北与陕西、甘肃交界的高山原始针叶林里，善爬树，性孤僻，少群栖。以箭竹、冷箭竹、华橘竹笋、小动物、鸟卵等为食。

扬子鳄是地球上最古老的动物，有活化石之称。现仅存于皖南青弋江、水阳江两岸少数地区。栖息在河流和浅水中，以螺、蚌、虾、蟹、鱼、蛙等为食。每年10月至次年4月进入冬眠。

大鲵是现存两栖类中体型最大的种类，叫声似小孩啼，因而又叫娃娃鱼。分布在长江流域的川、黔、赣、皖、鄂、湘等省。幼体用鳃呼吸，成体用肺呼吸，生活在山谷清澈溪水中，捕食虾、蛙、鱼、昆虫等。肉质白嫩，味鲜美，为佳肴珍品，有滋补及药用价值，被称为动物"黄金"。

㊼牦牛为什么被称为"高原之舟"？它还被称为什么？

牦牛主产于青海省玉树自治州。个体矮小，黑色或深褐色长毛，蹄质坚实，耐寒。世界上80%的牦牛分布在我国。玉树家牦牛比其他牦牛产奶时间长，产奶量大。每一胎次，当年可挤奶150天，每头每天产奶3公斤。肉可食，皮可制革，毛可制衣、绳等。

牦牛是藏民重要的运输工具，有“高原之舟”的美称。当地 5 000 米以上的雪山上，还有野牦牛，体重 1 000 公斤，号称“雪山之魁”。

㊽被称为松杉类植物“活化石”的是哪几种植物？

银杉是我国特有的珍贵树种，称为松杉类植物的“活化石”。野生银杉分布于四川省南川县金佛山和武隆县白马山、贵州省道真县和湖南省新宁县。属松科，常绿大乔木。树冠塔形，刚健秀丽，小叶上面有两条银白色气孔带，微风中叶片银光闪闪，有“林海珍珠”的美名。

水杉也是我国特有的，过去外国学者曾宣布它已在地球上绝迹，1941 年在鄂川交界处磨刀溪被发现，1948 年被世人正式命名为水杉，亦有“活化石”之称。列为国家一级重点保护珍稀植物。野生水杉分布于四川省万县、石柱、龙山、桑植和湖北省利川等地。属杉科，落叶大乔木。枝叶扶疏，形态典雅，受人喜爱。

㊾油桐种子是我国特产的木本油料。它在工业上有何使用价值？我国“桐油之都”在哪里？桐油中被誉为“金油”的“金油之乡”是哪里？

油桐种子所榨取的油脂，具有干燥快、比重轻、光泽好、附着力强、耐热、耐酸、耐碱、防腐、防锈、不导电等特性，是现代工业的重要原料，既可用作建筑、机械、兵器、车船、电器的防水、防腐、防锈涂料，还可用于制造橡胶、油漆，以及油布、油纸、肥皂、农药和医药用呕吐剂、杀虫剂等。

四川万县的桐油，因其油质上乘，各项理化指标均优于国家标准，长期以来，在荷兰鹿特丹国际农副产品市场受到欢迎。万县也因其桐油产量大，质量好，被誉为桐油之都。

湖南泸溪县葡萄桐，与一般桐不同，果大皮薄、产量高、油质好、清透发光，被称为“金油”，泸溪县因此被称为“金油之乡”。

㊿“水果之王”指的是哪种水果？全国最大的生产基地在哪里？

猕猴桃被称为水果之王。猕猴桃富含维生素 C、氨基酸、多糖和微量元素，不仅营养丰富，还具有极高的药用价值。它是治疗血液病的特效药，又能治疗冠心病、动脉硬化、肝炎、精神分裂症等，还有抗衰老、防癌的作用，能使人延年益寿。

四川省苍溪县是全国最大的猕猴桃生产基地，年产猕猴桃 100 多万公斤。

51 长江流域水果种植业很发达。你能说出几种较为有名的水果名称吗？

长江流域比较有名的水果有象牙芒果，苍溪雪梨，呈贡宝珠梨，眙通青苹果，无锡水蜜桃，南丰蜜橘，秭归甜橙“三秀”（桃叶橙、脐橙、锦橙），巴东柿子，江津广柑，梁平柚，会理石榴，合江荔枝，鄂西猕猴桃，全州罗汉果等。

52 冬虫夏草是一种名贵药材。为什么叫冬虫夏草？它有哪些疗效？

冬虫夏草又叫虫草，是一种昆虫与真菌的结合体，虫是鳞翅目虫草蝙蝠蛾的幼虫，菌是虫草属真菌。现代生物学家、药理学家和医学家们对虫草进行过专门研究，弄清了它的生活史和药用价值。

原来，在3 800米以上的高山雪线地带，生长着一种虫草蝙蝠蛾，每当高原夏暖花开季节，便在原野溪畔翩翩飞舞，一生不吃不喝，只是到处寻偶，一旦交配产卵，便双双死去。土层中虫草真菌的子囊孢子，对营养丰富的虫草蝙蝠蛾幼虫十分感兴趣，一旦相遇，孢子便钻进虫体内部，吸收营养，萌发菌丝，大量繁殖，虫体在僵死前，钻入距地表2～3厘米处，头向上、尾向下地死去。虫草蝙蝠蛾幼虫虽然死了，但虫草真菌却生机勃勃地在虫体内生长，待到翌年夏季，菌丝从虫体头部长出一根褐色小草，即真菌子座冒出地面。子座顶端有一子囊壳，待子囊孢子成熟，子囊壳裂开，成千上万的孢子又滚落地面，去感染其他虫草蝙蝠蛾幼虫。

中医中药工作者认为，虫草性淡、味甘，有滋阴补肾的作用，主要用于治疗喘咳、痨损咯血、盗汗、肾亏、腰膝酸痛，以及病后久虚等症。

53云南白药有伤科圣药之称。它的配方是谁创制的？主要原料是什么？有什么疗效？

云南白药由民间医生曲焕章吸取民间传统配方创制而成，初名“百宝丹”，后改成现名。它的主要原料是“止血神药”三七。具有止血愈伤、活血散淤、消炎去肿、排脓驱毒的疗效，是主治各种跌打损伤、红肿疮毒、妇科血症、咽喉肿痛和慢性胃病的特效药品。

㊺湖北省蕲春县是明代著名药物学家李时珍的故乡。你知道"蕲春四宝"是哪四宝吗?

蕲蛇、蕲龟、蕲竹、蕲艾都可入药,并称蕲春四宝。

㊻长江流域是我国茶叶的主产区。你能说出几种产于长江流域的名茶吗?

长江流域较为著名的茶叶有:君山银针茶、蒙顶茶、鸡鸣茶、黄山毛峰、碧螺春茶、龙井茶、顾渚紫笋茶、祁门红茶、宜红茶、月芽茶、早白尖工夫茶等。

㊼中国的名酒中有哪些源于长江流域?

贵州的茅台、董酒,四川的五粮液、泸州老窖特曲、绵竹、剑南春、全兴大曲、郎酒等为源于长江流域的名酒。

㊽宣纸的生产史有多少年?为什么叫宣纸?

宣纸有"纸中之王"、"千年寿纸"之称。其生产史至今已有1 600多年。自唐代起,宣纸就成为贡品。

宣纸在安徽省泾县生产,泾县古时属宣州,因而称"宣纸"。

㊾我国"三大名扇"、"四大名绣"分别是什么?

苏州扇、杭州扇和岳州扇是我国的三大名扇。苏绣、湘绣、蜀绣、粤绣则为我国的四大名绣。

㊾“天府之国”指的是什么地方？为什么叫“天府之国”？

四川盆地物产丰富，应有尽有，被古人称为“天府之国”。汉代刘向在《战国策》中描述四川盆地“田肥美，民殷富，地势形便，沃野千里，蓄积饶多，此谓天府。”作为“天府之国”核心的成都平原，不仅具有优越的自然条件，而且得益于都江堰的水利灌溉。都江堰灌区，在古代灌溉面积最大时，曾达到 20 万公顷。现在，都江堰灌区的面积已扩大到近 40 万公顷。

㊿“陶都”在我国什么地方？陶都“五朵金花”指的是什么？

江苏省宜兴市因生产的陶瓷产品精美而被誉为“陶都”，其紫砂陶制作已有 1 000 多年的历史。紫砂陶、青瓷陶、均陶、美彩陶和精陶称为陶都“五朵金花”。

61 绍兴有哪些独具特色的传统工业？有哪些传统名产？

绍兴的“三缸”、“一箔”，即酒缸、染缸、酱缸和锡箔是其传统工业，尤其是食品工业更具特色，拥有黄酒、珠茶、腐乳、香糕等一批传统特色产品。其中绍兴黄酒具有 2 500 年历史，驰名中外，先后 7 次荣获国际金奖，古越龙山牌加饭酒被列为国宴用酒，天坛牌特级珠茶出口量居全国第一，枫桥香榧是中国特有的干果珍品。此外，绍兴麻鸭、上虞水晶杨梅、盖北葡萄、渚暨红心梨、嵊县牛心柿等传统名产享誉华夏。

62安徽铜陵是沿江重要的对外开放口岸，矿产资源丰富。人们说“铜陵虽小，八宝俱全”。你知道是哪八宝？还有哪些矿产资源？

铜陵地下地上盛产“金银铜铁硫，生姜、蒜子、麻。”除此之外，还有铜、铋、钴、锗、镓等稀有金属伴生矿，以及储量可观的大理石、钾长石、硅灰岩、珍珠岩、石英砂、膨润土等非金属矿。

63有“中国的软宝石”之称的“小湖羊皮”产自何处？它还有哪些名优土特产？

浙江湖州的养羊业以湖羊为主，剥取的“小湖羊皮”是世界四大羔皮之一，在国际裘皮市场上被誉为“中国的软宝石”。

湖州是全国淡水鱼的主要产区，出产的银鱼、鲚鱼、白虾被称为“太湖三宝”。长兴顾渚紫笋、安吉白片、莫干黄芽等是全国优质名茶。父子岭杨梅，雷甸枇杷，安吉板栗、核桃及长兴白果等，则是品质优良的佳果。

64蜡染是我国民间传统纺织印染手工艺制品。长江流域哪些地区的蜡染制品较为著名？

云南蜡染、安顺蜡染、四川缬染和自贡扎染等较为著名。这些手工印染制品色调素雅，风格清新，图案多以花草虫鱼、山川风物为主，具有浓郁的民族特色和地域文化特点，备受中外人士青睐，是著名的民族用品和旅游、出口商品。

⑥⑤我国最大的盐都在哪里?

位于川南的自贡地区埋藏了取之不尽的盐矿。根据50年代出土的汉代四川井盐生产画像砖和大量古代文献记载推断，四川井盐生产至少也有2 000年的历史。到明末清初时，自贡就成了四川最大的盐场区，有“千年盐都”之称。

现在，自贡已初步形成从地质勘探、钻井、采卤、制盐、盐卤综合利用、盐机制造和科研等配套的盐业体系，年产原盐90多万吨，占全国井盐产量的40%。制盐、盐化工、机械为自贡市三大支柱产业。

⑥⑥“恐龙之乡”在哪里?

自贡不仅以盛产井盐著称，而且是亿万年前的恐龙之乡。俗谓:“四川恐龙多，自贡恐龙窝。”自1915年首次在自贡发现恐龙化石到现在，已先后发现了70多处埋藏点，尤以1974年在沙河坝和1979年在大山铺的两次发掘收获最大。沙河坝一处恐龙化石堆积层，在仅100余平方米的范围内，就发掘出100多箱化石，比较完整的恐龙骨架就有5具之多。大山铺的发掘，已出土化石300多箱，较完整的骨架竟有10多具。

⑥⑦山羊板皮是制革工业和国防工业的优质原料。我国哪里的山羊板皮被公认为是世界上质量最好的板皮之一?

湖北长阳的山羊板皮具有坚韧、柔软、纤维细致、弹性好、拉力强、油性足、剥取完整、晾晒平展、厚薄均匀等特点，是我国传统出口商品。

⑱有"东海鱼仓"之称的舟山渔场有哪些主要经济鱼类？海水养殖品种有哪些？每年在哪个渔港举办一次"鱼市节"？

浙江舟山市是驰名中外的著名渔场，也是世界上四大渔场之一。舟山水产资源丰富，主要经济鱼类有黄鱼、目鱼、带鱼、鲳鱼、马鲛、鳗、鲐鲹、马面鱼、石斑鱼等120多种，捕捞量50多万吨。

舟山近年来积极发展海水养殖业，养殖品种有海带、紫菜、裙带菜、羊栖菜、蛏子、蚶子、贻贝、青蟹、石斑鱼、鲍鱼、墨鲷、海参、扇贝、对虾等。

舟山本岛东部的沈家门，是世界上著名的三大渔港之一，是舟山渔场海水产品的集散中心，一年一度的"鱼市节"即在此举行。

⑲镇江香醋有多少年的生产历史？它是如何制成的？有什么特点？

江苏镇江的镇江香醋有130多年的生产史，产品畅销全国各省、市，外销近10个国家和地区，曾荣获1908年巴拿马国际博览会金奖，是醋中珍品。

镇江香醋以优质糯米及黄酒糟为主料，配以麸皮，采用优质醋酸菌种施行固体分层发酵而成。

镇江香醋具有色、香、酸、醇、浓五大特点，色浓味鲜，酸中带甜，存放愈久，其味愈醇。

⑳长江流域有哪几个大的药材市场？

江西省樟树市素有"南国药都"之称，东汉起即为名医汇聚之地。樟树药材市场汇集全国中药材。应有尽有，故有"药不到樟树不齐”,“药不过樟树不灵”之说。每年秋季举办全国性药材交易集会，成交额超过10亿元。

湖南省湘潭市是具有悠久历史的药材集散地。药市始于唐玄宗开元八年(公元720年)，明末清初成为享誉全国的四大“药都”之一。1992年投资兴建的湘潭国药城成为长江流域较大的中药材集贸市场。

湖北省蕲春县蕲州药材市场有全国数百家医药单位从事药材种植、加工、生产和销售，经销辐射面达13省近300个县市。一年一度的药材交易会，成交金额达数千万元，是全国的大型药材集散地之一。

71 “北煤南运”的重要中转港在哪里?

浦口港区是北煤南运的重要中转港。它位于江苏省南京市长江北岸,津浦铁路末端。建港已有50多年历史。有两个装卸作业区，其中煤炭出口作业区为长江四大中转煤港之首，是以接转山西、山东、陕西等地煤炭实行铁水联运的港口。1949年以来，经过四次较大规模的改建、扩建，已成为“北煤南运”的重要中转港。有5 000吨级和2 000吨级泊位各2个，年通过能力1 000万吨；配套完善后，年通过能力可达1 200万吨。

72 我国“T”字形生产力总体布局是怎样的? 长江在其中的地位如何?

由南、北部沿海和长江沿岸地区构成的“T”字形区域，是全国地域分工的核心地区，是我国跨世纪的增长带。

长江沿岸是我国城镇化水平较高的地区。该区自然条件优越，物产丰富，人口稠密，文化素质较高，有较好的工农业基础，对我国经济的长远发展举足轻重。在沟通沿海与内地的经济联系，促进各地区经济协调发展方面亦将发挥重要作用。

73 长江经济带基础体系建设包括哪些方面？

长江经济带基础体系建设包括六个方面：①水火电并举的能源体系。中上游以发展水电为主，下游以火电为主。②四通八达的综合运输体系。在整治航道基础上发展水运，同时重视铁路、公路、航空和管道建设。③生态农业或立体农业体系。包括高产高效优质的专业化商品化农产品基地，依靠现代科学技术，发展农村经济。④沿江商贸走廊和市场体系，是全国统一和竞争有序市场体系的重要组成部分。⑤城市和产业合理布局，重视适度规模，发挥特色和优势。⑥生态环境保护体系。干支流和上中下游都要重视生态环境的保护和治理。上游重点是植草造林，防止水土流失；中下游重点是抓好污染源的治理，保持和增加天然的自净能力。

74 长江产业带包括哪些地区？其经济在全国的占有量是多少？

长江产业带包括长江上游攀枝花市及宜宾以下长江干流岸线的各地市，以及长江三角洲地区的全部。据1994的统计，长江产业带的工农业生产总值，粮食、棉花、钢、化工原料、汽车产量等都为全国总产量的40%左右。

75 长江三角洲地区包括哪些省市？

长江三角洲地区包括上海市，江苏省的南京、镇江、扬州、苏州、无锡、常州、南通市，浙江省的杭州、嘉兴、湖州、宁波、绍兴、舟山等14个市及其所辖的74个县(市)。

长江三角洲及其沿江地区，是我国经济、科技、文化发达的地区之一，具有巨大的经济发展潜力和广阔的市场，在全国的经济和社会发展中占有极为重要的地位。

⑯长江流域有哪些主要的经济走廊？

长江钢铁工业走廊、长江汽车工业走廊、长江石油化工走廊、长江商贸走廊、长江三角洲沿路经济走廊等是长江流域的主要经济走廊。

⑰长江沿江六大经济圈是哪些？各自以什么为发展的重点？

长江沿江的六大经济圈是指上海经济圈、南京经济圈、安(庆)九(江)经济圈、武汉经济圈、重庆经济圈、攀泸经济圈。

上海经济圈(包括苏锡常、杭嘉湖、甬绍舟)：重点发展以高技术和金融、信息等为主的新兴产业和重化工业，加强城郊和创汇农业基地建设。

南京经济圈(宁镇扬、马芜铜)：重点发展重化工业，巩固农业商品生产基地，积极发展地方企业。

安(庆)九(江)经济圈：重点扶持九江，积极发展石化、造船、建材等行业，加强农业基地建设，壮大经济实力，带动皖赣沿江发展。

武汉经济圈(汉鄂黄咸、荆宜、岳常益等)：重点发展能源、原材料工业，立足科研优势，发展汽车、电子等机电工业，巩固和提高农业基地。

重庆经济圈：优先发展机电和基础设施，加强环境综合整治，发挥军工技术优势，积极培育新兴产业，增强城市综合的功能。

攀泸经济圈(攀枝花、宜宾、泸州)：以水电开发为突破口，加强能源、冶金、化工以及基础设施建设和生态环境保护，建成重要的能源和原材料基地以及开发"三江"的前进基地。

78"长江沿岸中心城市经济协调会"成立于何时？有多少城市参加？

由沪、宁、汉、渝4城市发起于1985年成立了长江沿岸中心城市经济协调会。该协调会有上起攀枝花、下至南通的沿江20多个中心城市参加，是一个开放型、跨地区的流域性经济协调组织。

79在1994年全国10个国民生产总值超过亿元的农场中，长江流域有多少个？

1994年，长江流域有7个农场的国民生产总值超过亿元。它们是：湖北省东西湖农场、湖北省汉南农场、湖南省屈原农场、湖南省钱粮湖农场、江苏省东辛农场、浙江省萧山市红山农场、上海市前上农场。

80全国52个高新技术产业开发区中，长江流域有多少个？

长江流域的国家高新技术产业开发区有17个，分别是上海、南京、苏州、无锡、常州、杭州、合肥、南昌、武汉东湖、襄樊、长沙、株洲、重庆、成都、绵阳、贵阳、昆明等。这17个国家高新技术产业开发区以其较强的经济实力、技术优势、人才优势、资源优势和基础工业优势，在全国52个高新技术产业开发区中占有重要的地位，具有广阔的发展前景。

81 长江流域交通运输网发展的战略目标是什么？

长江流域交通运输发展总目标是：以提高社会综合经济效益和综合运输能力为中心，以能源、原材料、外贸和旅客运输为重点，着眼于2000年及以后国民经济发展对运输的需求，搞好综合运输体系的建设。以建设水运主通道、铁路主干线、公路主骨架、港口主枢纽为核心，充分发挥水运、铁路、公路、航空、管道等多种运输方式的优势，特别要发挥长江黄金水道的优势，使各种运输方式协调发展，逐步适应国民经济增长的需要。总体布局以长江干流为主轴，上海及长江三角洲、武汉、重庆为中心，以铁路主干线、沿海南北航线、国道公路、京杭运河、江淮运河、赣江、汉江、嘉陵江、乌江航道为骨干，以其他支流航道和公路为基础，各种运输方式因地制宜，各得其所，相互补充，协调发展。建成布局比较合理、结构比较协调、技术比较先进、综合效益比较高，具有较好连续性和巡回性的综合运输网。

82 1984年长江综合开发利用考察提出的建设长江航运六大工程是哪些？

长江航运六大工程是长江干线航运开发工程、大西南航运开发工程、两湖航运开发工程、赣粤航运开发工程、江淮航运开发工程、长江三角洲航运扩建工程。

㊳我国第一条全部采用国内技术和国产设备建设的光缆干线是哪一条？

京汉广光缆通信工程，全称京汉广暨广邕(广西)、广琼(海南)光缆通信干线是我国第一条全部采用国内技术和国产设备建设的光缆通信干线。该光缆干线起自北京，经河北、河南、湖北、湖南至广东省广州市，并向西、南面延伸至南宁、海口，途经8个省市，22个地市，全长4 700公里，是采用现代化光缆技术连接的电话与电视图像通信干线工程。1993年10月15日全线开通，可提供长途电话线路10.5万条。是继80年代建成的中同轴电缆模拟载波系统和改造后的微波通信系统后建成的纵贯我国中部的现代化通信的"主动脉"和"信息高速公路"，也是我国第一条全部采用国内技术和国产设备建设的光缆干线和目前世界上建成的最长的一条光缆干线，并与京宁沪穗光缆相连，从而形成了沟通中国东部中部大容量数字通道，促进了沿线大中城市与世界各国的信息沟通与交流。

㊴为什么说长江沿江区域具有建成国际竞争能力的全国最大规模汽车工业带的支撑条件？

第一，长江沿江区域已形成全国规模最大的零部件生产基地，拥有上海汽车底盘厂、上海发动机厂、上海电器厂、杭州发动机厂、南京转向器厂、江陵机器厂、蚌埠滤清器总厂、芜湖仪表厂、南昌齿轮厂、株洲齿轮厂、长河电器厂、武汉汽车配件厂、武汉汽车标准件厂、武汉车身厂、武汉神龙电器厂、襄樊发动机厂、东风零配件与客车用底盘厂、重庆汽车发动机厂等一批关键零部件企业。而一批国家和省市规模发展的汽车零、部件项目已分别引进美、日、法、德、意、加等国的制造技术和关键生产、检测设备，开始按高标准、专业化、大批量的原则实施建设和改造，为实施多品种配套打下了基础。

第二，区内拥有汽车制造企业52家，专用车、改装车企业212家。目前有的准备纳入东风汽车公司和上海大众汽车有限公司，筹组跨部门、省市的大型汽车集团。上海大众轿车项目建设形势好，武汉神龙轿车加快了建设和国产化进度，重庆奥拓轿车生产能力大幅度提高。这些项目完成使长江产业带成为全国水平高、规模最大的轿车生产基地。

第三，汽车发展的相关工业配套优势。区内拥有相当规模的、直接为汽车工业提供原材料的冶金、化工等工业，生产汽车需要的23种钢材、9种生铁、16种有色金属，都可直接提供70%以上的原材料；橡胶、轮胎、塑料等化工产品可直接配套；沿长江一批大型水、火电厂已投产，在铁路、公路、水路运输和通讯网络方面均能适应现代化汽车工业发展的要求；沿江第三产业、综合科技能力和日益增长的经济实力可以支撑汽车工业发展。

⑧⑤长江流域2000年前后重大投资项目有哪些？

长江流域为2000年前后我国重点投资地区，计划投资1万亿元。交通建设包括安徽铜陵至江西九江的铁路，上海至湖南岳阳的沿江公路，合肥至南京、上海至宁波的高速公路，跨越长江南北的4条铁路、8条公路干线也将改建扩建。除新建京九线外，北京至上海高速铁路改造，投资400亿元。一批港口改建扩建，包括上海、浦东外高桥、南通、张家港、南京、马鞍山、芜湖、铜陵、安庆、武汉、岳阳、沙市、万县等港。投资2亿元以上的重大骨干工程项目有100多个，包括上海金山600万吨炼油工程、浦东国际航空港、上海年产30万辆轿车工程、上海醋酸工程、秦山核电站二期工程、湖北年产 30 万辆轿车工程、三峡工程、南水北调工程、攀枝花有色金属工程等。其中三峡工程预计总投资 1 600多亿元。一批钢铁生产基地亦将进行改建扩建，引进先进设备技术。到 2000 年沿江地区钢产量可突破 5 000 万吨。

86长江商贸走廊是一个怎样的组织体系？

长江商贸走廊是以长江为纽带，由长江经济联合发展股份有限公司(即长发集团)等牵头，沿江 7 省 1 市 30 多个企业共同投资联合组建的跨地区、跨所有制、跨行业、多功能、综合性商贸组织体系。主要载体为现代大型商贸企业集团，以股份制为组织形式，以连锁经营为基本经营方式，通过企业联合，资金渗透，多角经营，推动流域流通繁荣，带动长江经济带的发展。联合共建商贸走廊，有利于突破地方经济利益的封锁割裂，是实施长江战略的重要举措。

87上海市的六大支柱产业是什么？它们占全市工业比重的多少？

上海市的六大支柱产业是汽车、电子信息设备、电站成套设备、石油及精细化工、钢铁、电器工业。1994 年六大产业完成产值 1 386 亿元，占全市工业比重的 40%；完成利税 330 亿元，占全市的 60%。

88我国最大的证券交易所在哪里？首家外汇交易市场在哪里？

成立于 1990 年 12 月的上海证券交易所，是目前全国最大的证券市场。有7个交易大厅，座席3 150个。国债交易由原单一现货发展到现货、期货、回购同步交易。交易网络已连通全国各地，异地上市公司占50%左右，成为覆盖全国的大市场，已迈出国际化的步伐。

我国首家外汇交易市场即中国外汇交易中心，设在上海市。

89 你知道鼎鼎有名的"汉正街"吗？

汉正街位于武汉市硚口区，与汉水平行，水陆交通便利，历史上就是商品集散地，1978年以后逐渐发展成以个体为主体的小商品批发市场。商品流向以广大农村为主。国家工商局曾在此召开现场会。现小商品市场已延伸到周围15条街巷，摊群密布，业主逾万。每日迎送购货客商15万～18万人。汉正街经过一、二期改造工程，已从"以路为市，以地为摊"的自然状态，逐步向集小商品经营、农贸市场、风味小吃、文化娱乐、立体停车、地下商廊于一体，向繁荣兴旺、秩序井然、环境整洁、治安良好、功能齐全的商贸中心、交通中心、旅游中心、信息中心的现代化商业城迈进。先后建成15层以上的楼宇40多栋，其中22层以上的大厦20多栋。

90 沿长江流域的生态农业试点县有多少个？建立这些试点县目标是什么？

长江流域已建立生态农业试点县18个，占全国50个试点县的36%。目标是全面规划，总体协调，用最小投入获得最大产出，形成产量高、质量好、无废物、无污染的高效农业。湖北省京山县已建成生态农业基地6.2万公顷，人均拥有基地面积

0.087 公顷，初步形成“远山高山松柏杉，近山丘陵果药茶，平坡冲畈粮棉油，水面庭院鱼猪鸭”的格局。四川省眉山县建成 4 万多口沼气池，以沼气池为能源，不但每年可节省燃煤 10.8 万吨和节电 648 万千瓦·时，还用在粮仓防虫抑菌、蔬菜大棚增温、雏鸡孵化、治渣治液、肥田改土等方面。生态农业使长江流域农业结构得到优化调整，推进了农业生产的专业化和集约化。

⑨①“中华商业第一街”是哪条街？

上海市南京路商业街是中华商业第一街。改革开放以来，经过改造，南京路商业经营面积超过 100 万平方米，相当于改革开放前南京路商业营业面积的 10 倍。东段结合中心商务区建设形成专卖小区，有 16 家拥有世界名牌特色的专业店；中段有 10 大现代化高楼，50 余家老字号商店；西段随着 88 娱乐总汇、新世界商城、万象商都的兴建，已形成以旅游娱乐为主的多功能商城，日人流量高达 300 多万人次。南京路已成为上海市商业繁荣的主要标志之一。

⑨②扬州为何被称为“建筑之乡”？

素有“建筑之乡”盛名的江苏省扬州市，建筑业成为一大支柱产业。扬州市分布在全国各地的建筑大军在江苏省名列第一。年产值超亿元的建筑安装企业达 46 个，其中建安公司实现年产值 15 亿元，已在京、沪、宁、粤、鄂、黑龙江建立起 6 个超万人的大型施工基地，总人数达 10.76 万人，承建多个高层、大跨度建筑项目，创部、省、市优质工程总数突破 200 个。在深圳获得全国工程质量最高荣誉“鲁班奖”。

93 中国名菜系之一的"川菜"有什么特点?

中国名菜系"川菜"以成都、重庆两地菜肴为代表，调味素以麻辣、味厚著称，风格独特。调味品采用名特土产，如内江白糖、保宁醋、永川豆豉、郫县豆瓣、新繁光泡辣椒、资中冬菜、涪陵榨菜等，经烹调形成酸辣、麻辣、糖醋、鱼香、怪味、椒麻、红油等多样化口味，享有"一菜一格，百菜百味"的声誉。有高级宴席、普通便餐、家常风味等不同风格。著名菜肴有干烧鱼翅、红烧海参、烤酥方、樟茶鸭子、鱼香肉丝、棒棒鸡、贵妃鸡、太白鸡子、粉蒸肉、宫保鸡丁、麻婆豆腐等。

94 长江产业带石油运输管道主要是哪几条?

长江产业带除荆门炼油厂由江汉油田输油管道供油外，其余各炼油厂均由以下 3 条输油线路供油：一是鲁宁输油管道，在仪征中转；二是由大连、秦皇岛和青岛等港口中转；三是由宁波北仑港和舟山港中转。

95 中国目前对外开放规模较大、自动化程度较高的航天发射场是哪一座？位于什么地方？什么时候修建的?

西昌卫星发射中心是中国目前对外开放规模较大、自动化程度较高的航天发射场。该中心位于四川凉山彝族自治州境内，始建于 70 年代初。

96 你知道江西有一个"鹅鸭工程"吗?

位于鄱阳湖畔的共青城，利用水面养鸭，从单纯养殖发展为鸭产品深加工的支柱产业，板鸭行销东南亚，鸭鸭牌羽绒产品闻名全国。1989年，江西省委、省政府提出《鹅鸭工程方案》，把鹅鸭生产从孵化、饲养到行销、深加工等作为一项产业开发，向全省推广。至1993年，全省鹅鸭总饲养量达1.1亿只，为江西创造工贸综合总产值51亿元，实现利税11亿元。全国出口的羽绒制品，每三件中就有一件是江西生产。

长江400问

治理开发篇

❶孙中山对长江的治理与开发提出了哪些具体规划和设想?

1917~1919年,孙中山先生制定了宏伟而具体的《实业》,列入其《建国方略之二》。在这个计划中,孙中山先生特别重视长江的治理与开发。他通过对长江流域的防洪航运和水利发电等方面的深入研究,强调"水利建设为民生经济之首要"。为此,他认为:"水运是世界上运输最便宜的方法"。因此要"改良河道,以利航行",将对长江入海的治理作为首要任务,设想通过修筑海堤或石坝,束水挟沙入海,"以潮长,潮退之动力与反动力,遂使河口常无淤积"。对于长江入海口自然形成的三股水道,孙先生认为应统筹全面,堵闭南北两水道,"采中水道以为河口,则于治河与筑港两得其便。"其次,计划对万里长江进行渠化整治,使其航运条件得以改善。另外,还主张充分开发利用长江流域的水利资源,率先提出了兴建三峡电站的计划。

❷孙中山先生率先提出兴建三峡工程的设想是什么?

近代民主革命的先行者孙中山先生在其撰写的《实业》计划中多次提及利用长江干支流水力资源,发展水电副业的有关问题。他认为"……价钱便宜的电,完全是用水力造成的。……如果能利用扬子江和黄河的水力,发生一万万匹马力,……拿这么大的电力来替我们做工,那便有很大的生产"。与此同时,他率先提出开发利用长江三峡水利资源的设想。他说:"像扬子江上游夔峡的水力,更是很大。有人考察宜昌到万县一带的水力,可以发生三千余万匹马力的电力,像这样大的电力,比现在各国的电力都要大得多。"改良此段"当以水闸……堰其水,使舟得溯流而上,而又可资其水力。"孙中山先生的这一设想,今天已成为现实。

❸你知道有关大禹的治江传说吗?

有关大禹治水的传说，早在先秦时期就已有文字记载。汉代以后，关于大禹治水的传说就更加丰富。禹，传说是四川汶川县人。他吸取了其父鲧的教训，改以堵塞为主的方式为以疏导为主，首先在汶川县的铁豹岭一带疏导了岷江，开金堂峡口，分岷江水入沱江后在泸县流入长江，以减缓进入成都平原的水势。而后，禹顺江东下至三峡，“决巫山，令江水得东过”。此外，传说禹还到过安徽的涂山、浙江的会稽，治理过长江中下游水系和太湖水系。经过大禹十三年的奋斗，终于征服了持续多年的水害，而使长江“东流之注五湖之处，以利荆楚干越与南夷之民”。

❹为什么称张謇为治江先导?

张謇不仅是中国近代史上著名的政治家、实业家，还是一位关注和致力于治水事业的治水状元。他除主持兴建了著名的导淮工程以外，还是近代倡议治江的先导。在治理长江中，他的主要贡献有:① 积极敦促并主持兴建南通沿江的护岸保坍工程；②极力维护长江的治理权，力主建立治江机构，提出治江“当从下游始”的见解；③积极倡导开办近代高等水利专科学校——河海工程专门学校，并适应湘、鄂、赣、皖治江的需要，提议由地方出资遴选优秀青年到河海工程专门学校学习，并于1922年专为湖北特设了水工程，为湖北培养了第一批高级水利专门人才。

❺靖江江岸止坍工程是由清代的哪位皇帝亲自批办的?

据靖江县志记载，清乾隆四十六年(公元1781年)，靖江江岸曾大面积坍塌，纵深十余里；嘉庆十八年(公元1813年)坍势进一步加剧，二次坍江使沿江的明清年间的建筑物大量塌没，甚至危及当时的城垣。为了防止江岸进一步坍塌，以当时的江苏巡抚朱理为首的地方官员三次上奏朝廷，清帝仁宗爱新觉罗颙琰亲自审阅，三次御批，最后制定了详尽的治坍工程方案。嘉庆年间的这一止坍工程对形成目前靖澄河段长江的河势起了积极的稳定作用。

❻“芍陂”是由谁修建的？

春秋战国时期著名的政治家、军事家和水利家孙叔敖十分热心水利事业，在他的亲自主持下先后兴建了期思雩娄灌区和芍陂等著名的水利工程。

公元前597年，孙叔敖担任楚国令尹期间，发现位于大别山北麓余脉，东、南、西三面地势较高,北面地势低洼的芍陂，每逢夏秋雨季、山洪暴发，就形成涝灾；而雨少时又常常出现旱灾，严重地影响着楚国北疆的农业生产。孙叔敖根据当时地形的特点，以芍陂(今安徽省寿县境内附近)为工程的中心，组织人力将东面的积石山，东南面的龙池山和西面六安龙穴山流下来的溪水汇集于低洼的芍陂之中，同时修建五个水门，以石质闸门控制水量，水涨时则开石闸以泄之，水消时则闭石闸以蓄之,既避免了水多时的涝灾，又保证了天旱时有水灌田。芍陂建成后，使安丰一带很快成为楚国的经济要地。东晋时因芍陂灌区连年丰收，遂被改名为“安丰塘”。时至今日，芍陂已成为淠史杭灌区的重要组成部分，灌溉面积达4余万公顷，并发挥着防洪、除涝、水产、航运等综合效益。1988年1月，国务院确定安丰塘(芍陂)为国家重点文物保护单位。

❼中国最早的水利管理制度有哪两部？它们分别是由谁制定的？

中国是一个水利大国。中国古代的许多水利工程，不仅有相当详尽的文献记载，还有系统的管理制度。这些管理制度为中国水利事业持续发展提供了制度上的保证。

中国水利管理规章，从春秋时期“无曲防”的条约算起，已有约2 500年的历史了。但最早形成制度的记载应是西汉时倪宽制定的《定水令》和召信臣制定的《均水约束》。这两部规章制度内容都是灌区用水管理的规章，是我国最早见于史籍的水利法规。

❽中国第一部系统的水利法典是什么时候颁布的？主要内容有哪些？其历史意义是什么？

从现有的文献记载看，中国历史上第一个系统的水利法典是唐代中央朝廷作为法律正式颁布的《水部式》。

现存的《水部式》共29自然条，2 600余字。其内容主要包括：农田水利管理；水碾、水硙的设置及其用水量的规定；运河船闸的管理及维护；桥梁的管理及维修；内河航运船只及水手的管理；海运管理和渔业管理；城市水道管理等内容。

这些内容在一定程度上保护和稳定了封建制度下的生产关系；协调了有关各方利益，调解了水利纠纷；充分利用了自然资源，求得了最大的灌溉效益；进一步协调了受益与出工之间的关系，保证了灌溉工程效益的经久不衰。

❾《修筑堤防考》是哪个朝代的作品？有何价值？

《修筑堤防考》是清代的一部堤工研究专著，它比较系统地归纳出修堤的十点经验:“一曰审水势，二曰察土宜，三曰挽月堤，四曰塞穴隙，五曰坚杵筑，六曰卷土埽，七曰植杨柳，八曰培草鳞，九曰用石甃，十曰立排桩”。这部专著反映了当时对水力学、土力学的基本要求和堤防施工护坡技术的综合认识和运用水平。

⑩近代水利的先驱李仪祉在其《对于治理扬子江之意见》中对于长江的治理提出了哪些主张?

中国近代水利家李仪祉先生于1936年写下了《对于治理扬子江之意见》一文，对当时长江面临的主要问题及治理方案作了着重的阐述。概括起来主要有以下几点:

第一，主张以利农业、防洪灾为主，不赞成一味地专为改良航道。

第二，主张在上游寻觅相当地点兴建水库及利用江堤与两岸湖泽低地以消洪，反对拒江水于外的封锁政治。

第三，确立了利用沿江湖泊以调节洪水的治理原则。

第四，提出了治江须与当地政府和人民群众密切合作的方针。

⑪《史记·河渠书》中所说的“西方则通渠汉水云梦之野，东方则通鸿沟江淮之间”指的是哪一时期的两大著名运河工程?

《史记·河渠书》曰:自禹之后,“于楚，西方则通渠汉水云梦之野，东方则通鸿沟江淮之间”。这里的“西方则通渠汉水云梦”,据近人考证认为,“西方一渠当为扬水”是指公元前6世纪初，楚相孙叔敖主持修建的一个沟通长江和汉水的人工运河。这是江汉平原最早出现的人工运河。

“东方则通鸿沟江淮之间”指的是公元前486年吴王夫差为进攻齐国而在今天的扬州开凿的邗沟。这条邗沟从今扬州向东北穿凿到射阳湖，再经射阳湖到今淮安注入淮河。它是接通江淮航道最早的水利工程之一，也是著名的南北大运河的开端。

⑫中国历史上与水争地始于何时，盛于何时？其后果如何？

历史上我国淡水湖面积在世界上首屈一指。然而由于社会经济的发展和人口的不断增长，人们开始在湖泊浅滩围田垦殖，与水争地。

我国湖区围垦、与水争地的历史可以上溯到春秋战国时期，不过那时只限于直接在荒洲上播种。真正意义上的筑堤围垦，与湖争地，开始于唐宋，盛于明清时期。尤其是在太湖、洞庭湖和古代鉴湖区内，筑堤围垦发展到了相当规模。鉴湖是古代与水争地致使湖泊消亡的最明显的例证。从东汉永和五年(公元140年)太守马臻筑塘垦殖开始，到南宋时，随着围垦的加剧，最终导致了鉴湖的消亡。

由于泥沙大量入湖沉积，历代围田垦殖面积不断扩大，最终造成湖泊面积不断缩小，有些湖泊甚至完全消失。

⑬元明清以来对荆江的治理主张主要有哪几种？

荆江曲折迂回，水流不畅，堤防极易溃决，水灾频繁，是长江中游的著名险段。元明清以来，对于荆江治理的议论极多，概括起来不外乎以下几种：

一是主疏派。主张开挖古穴口(即九穴十三口)，恢复古穴口分流故道，因为“开穴为便，塞穴为不便”，因而时至明清持这种主张者仍不乏其人。

二是主防派。认为古穴口虽然起到分流杀势的作用，但并不能根除水患。因为清代中期江陵郝穴已经闭塞，只剩虎渡、调弦两口分流，几十年间也未发生过大洪灾，因此认为堤防是防洪的最好屏障。

三是主南北分流，以南为主。其中心意思是：浚深虎渡河以扩大分洪流量；缩窄虎渡河口门，束水以攻沙，放弃公安、石首、澧县、安乡几处低洼地带以行洪。这一主张对后世影响较大。

⑭中国第一所水利高等教育学府是由谁倡议兴办的？

中国第一所水利高等教育学府——河海工程专门学校于1915年在著名的实业家和水利专家张謇倡议下，由著名教育家黄炎培、沈恩孚主持在南京开办的。这所学校就是现在的河海大学的前身。

⑮中国史载最早的水尺是什么？

从现存的史料记载看，中国历史上史载最早的水尺应数2 000多年前在都江堰渠首设立的三石人。据《华阳国志》记载：李冰修筑都江堰时，“于玉女房下白沙邮作三石人”立三水中，规定：“水竭不至足，盛不没肩”。因为水位太低，不能满足农田灌溉的需要，水位太高，则会造成水灾。这说明都江堰渠首设立的石人是专门用来测量水位的水尺。这也是长江上有史可考的最早的水位观测记载。

⑯你知道世界上现存最早的水道图吗？

世界上现存最早的水道图是公元前 168 年左右随葬于长沙马王堆三号汉墓的水道图。在这幅湘、桂、粤地区的地图上，标有大小河流 30 多条，主支流水系明确，注有河流名称的有 9 条。

⑰长江干流最早的河道图出版于哪个朝代？

长江干流最早的河道图是明末(公元 1645 年)出版的《地图综要》中的“江防图说”。它以山水画的形式展示了当时人们认为长江源于岷山至出海止的长江干流河道。这可以说是长江干流最早的河道图雏形。

⑱全国最早设立的近代水位站是哪一年？在哪里？

1840 年以后，各帝国主义国家强行侵占各通商港口，为了保证其侵略利益不受损失，相继在各港口设立海关水尺。清同治元年(公元 1862 年)，汉口开始组织设立江汉关，并随即设立水尺观测水位。1865 年 1 月起，开始正式有系统地观测记录水位。这不仅是长江流域近代设立的第一个水位站，也是全国设立最早的近代水位站。

⑲中国近代历史上洪水调查最早始于哪里？

近代历史上洪水调查最早始于湖北省武昌县的金口镇。根据调查，金水河口 1870 年的洪水水位为 28.35 米。这一结果在 1929 年扬子江水道整理委员会第八期年终报告上刊载。此后，在抗战期间，也曾在长江上游龙溪河等地进行过历史洪水调查。新中国成立后对长江江源地区先后进行过三次水文调查，获得了大量的有价值的资料。

⑳长江有历史记载的水灾是开始于哪个朝代？自唐初至清末长江共发生水灾多少次？

长江作为中国第一大长河，其有历史记载的水灾自汉代始就有。据现存的历史资料的记载统计，自唐初至清末1 300年间，长江上共发生水灾223次。唐代平均每18年发生一次水灾，宋元时增加到5～6年一次，明清则平均4年就发生一次水灾。

㉑长江流域历史上罕见的一次大洪水发生在哪一年？灾情如何？

公元1870年(清同治九年，庚午年)洪水是长江上、中游的一次特大洪水。自公元1153年以来的840多年间，在调查到的8次历史大洪水、实测到的20世纪5次大洪水中，以公元1870年的洪水最大，实属历史上罕见的大洪水。据不完全资料，四川约20个州县、湖北约30个州县、湖南20余州县遭受严重洪灾，两湖平原一片汪洋，受淹面积达3万多平方公里，损失惨重。江西、安徽也有一定灾情。

㉒历史上的长江干支堤决口有多频繁？

历史上的长江干支堤决口是难以统计的，1949年以前包括民垸，几乎是年年都有堤防决口。一个大水年决口可能是几十处或上百处，地方志只择其大者、重者而加以记载。据记载，荆江大堤 1542 年上段形成(124 公里)，到 1949 年，溃口计有 36 次，20 世纪 50 年代实地调查溃口留下来的渊塘还有 51 处(182.3 公里的全堤)，有碑文可考的有：闵家潭、字纸篓渊等多处。无为大堤，据载始于宋代的围垦，堤线到清代才初步形成(公元 1765 年)，长约 110 公里，约 1 000 年的时间(包括 1954 年)内决口 34 次，留下八大龙潭，为有名的堤背大险工。武汉市两岸均有过决口，现在留有玻璃塘、倒口湖(右岸)。汉口下 1931 年决口最为著名，但溃决时武汉关水位约 27 米，证明当时水位并不高。汉江堤防的决口很频繁，现在北干堤上还有不少以缺口命名的地名，如旧口、陈洪口、张家倒口等，都是为决口“留念”而取名的。

㉓长江上最早的护岸工程建设始于什么时候？用什么材料修筑的？古代长江流域典型的护岸工程还有哪些？

长江上最早的护岸工程是明代正统七年(公元 1442 年)修筑的武昌临江驳岸，采用糯米浆砌条石结构和木桩基础。

除此之外，古代长江流域典型的护岸工程还有：明成化年间(公元 1465～1487 年)，由荆州知府李文仪在上荆江北岸修筑的黄潭堤，此堤用块石砌护外坡，即所谓“沿堤甃石”；清康熙五十五年(公元 1716 年)至清乾隆四十年(公元 1776 年)，为保护瓜洲城而大量兴建的石墙、埽工、挑水坝、竹笼、抛石等护岸工程，并提出了“以实其底”，“庶免脚根空虚坍塌之患”的治理原则。清乾隆十四至十五年(公元 1749～1750 年)，安徽无为改变江水流势，稳定江岸，采取“鸡心挑溜之法，买石十万石(担)沉江，建大小支水矶”。除此之外，清乾隆年间还广泛采用植芦防浪的护岸措施。

㉔秦国历史上著名的三大水利工程中，长江上有哪两座？

秦国历史上著名的三大水利工程是：郑国渠、都江堰和灵渠。其中在长江上的有都江堰和灵渠。

春秋战国时期，在诸侯征战的过程中，秦国逐渐强大起来，随着其政治、经济实力的不断壮大，从秦昭王时起，就开始注重兴修水利。公元前306年至公元前251年，秦昭王为解决岷江年年泛滥的问题，任命著名的水利专家李冰担任蜀郡郡守。李冰不辱使命并主持修建著名的都江堰水利工程。都江堰水利工程变水灾为水利，消除了岷江水患，方便了航行和灌溉，使成都平原一路成为旱涝保收的“天府之国”，为秦国奠定了坚实的经济基础。

秦始皇统一六国后，又命史禄自零陵至桂林开凿了一条运河，沟通了湘江和漓江，将长江水系和珠江水系连接起来，这就是著名的灵渠。

㉕都江堰是由谁修建的？其主要包括哪几部分？

战国时，位于古蜀国(今四川西部)的岷江，每到夏秋季节，洪水泛滥，无数的农田、房屋就会被水淹没，而到旱季，又常常发生旱灾，给当时岷江流域的人民带来了深重的灾难。李冰到蜀郡任郡守后，为了发展生产，带领当地人民兴修水利，治理岷江，兴建了著名的都江堰水利枢纽工程。

都江堰枢纽工程位于岷江由山谷河道进入冲积平原的地方，沿江自上而下，由万丈堤、鱼嘴、金刚堤、飞沙堰、宝瓶口和人字堤等部分组成。其中鱼嘴建筑在岷江江心，将江水分成东西两股，西股称外江，主要起排洪作用；东股称内江，主要起灌溉作用。而宝瓶口，是凿穿玉垒山的引水口，也是控制内江水量的咽喉，内江水经宝瓶口后再分成许多大小河渠，组成一个纵横交错的扇形水网，灌溉着成都平原的大片农田。为了泄洪和排沙排石，李冰在金刚堤尾部和离堆之间设计建起了飞沙堰。由鱼嘴、宝瓶口和飞沙堰三项主体工程，加上百丈堤、平水槽、人字堤、马脚沱、节制闸等诸项附属工程，构成了一套科学、完整的排灌系统，达到了“分洪以减灾，引水以灌田”的治水目的。同时也为四川平原成为“天府之国”奠定了基础，为此，李冰被四川人民尊称为“川祖”。

㉖灵渠是由谁修建的？灵渠的主要作用是什么？

灵渠亦称零渠或澪渠，因开凿于秦代亦名秦凿渠，又因渠内设有斗门，又被称为陡渠。位于广西壮族自治区兴安县境内。

灵渠始建于秦始皇二十八年(公元前 214 年)，当时正逢秦始皇派军向岭南越人发动战争之际，出于运输军粮和统一岭南需要，秦始皇令史禄主持兴修灵渠。史禄亲临南岭山脉，经过对实地反复考察，周密设计，使用人力十万，于秦始皇三十三年(公元前 219 年)凿成了灵渠。

由史禄创建的灵渠工程设施情况已不见史载，后世经过 30 多次的整修改造，发展到近代，形成了包括：铧嘴、大小天平、南渠、秦堤、北渠以及船闸、斗门等作用不同、相互联系的统一工程设施。

灵渠的建成，一方面沟通了岭南的航运通道，使长江上的船只经湘江、穿灵渠、入漓江，直抵珠江，从而将中原和岭南联系到一起，自此以后，直到湘桂铁路、京广铁路通车前的 2 100 多年间，灵渠始终是南北交往的要道。另一方面，灵渠提供了所辖区域内的农田灌溉和城镇用水。到清代时，其灌溉面积已达“数百顷之多。”京广、湘桂两条铁路陆续通车后，灵渠的航运功能逐渐减弱，但在灌溉、供水和旅游方面却发挥着越来越大的作用。

㉗都江堰和灵渠的岁修制度是什么？

所谓“岁修”，是指对重点水利工程在每年冬季涸水期进行系统地、季节性较强的全面检查、养护和维修，以保证水利工程连年正常运行和持续发挥效益的工程养护方式。历史上长江流域水利工程岁修工作做得比较好的有都江堰和灵渠。

都江堰在很早以前就有了岁修的规定。据传，都江堰兴建不久李冰就提出了“深淘滩，低作堰”的六字准则，后人在“六字”的基础上，进一步发展为“深淘滩，低作堰，六字旨，千秋鉴……岁勤修、预防患，遵旧制，毋擅变”，并将其刻在石壁上，作为历代都江堰岁修的准则。都江堰的岁修一般始于每年的农历十月初，次年三月底完工，主要任务是更换各建筑的竹笼、木桩，疏浚河道、水渠，加高和培厚堰坝。

灵渠的岁修与都江堰相比，没有严格的岁修制度，但在自秦至清长达 2 000 多年的历史发展过程中，据统计，对灵渠的大规模整修达 20 多次。而且在唐宝历元年(公元 825 年)和咸通九年(公元 868 年)，当时的人们在灵渠的分水处先后筑起了 20 多座斗门，即原始船闸，从而使灵渠的工程技术水平达到一个新的高度。

㉘荆江大堤始建于哪个朝代？由谁主持修筑的？其历史是怎样演进的？

荆江是长江中游在湖北省枝城至湖南岳阳市城陵矶这一段的别名。由于荆江河段分汊多而蜿蜒曲折，河道泥沙淤积严重，经常引起水患，东晋永和元年(公元 345 年)，当时荆州刺史桓温命陈遵主持修堤，当时名为金堤，五代时在东晋金堤下游又筑江陵寸金堤；北宋时荆州太守郑獬主持筑沙市堤，南宋又修筑了黄潭堤，并加筑寸金堤。经两宋的扩建，荆江大堤已初具规模。明嘉靖二十一年(公元 1542 年)荆江北岸的郝穴被堵塞，这样自堆金台至茅坪埠长江 124 公里的堤段连成一体，史称万城堤，又称万城大堤。清乾隆、道光年间，又延长寸金堤使之与沙市堤连接起来，1918 年，改万城大堤为荆江大堤。

㉙历代人民为什么称荆江大堤为“命堤”？

荆江两岸地势低洼，历代水患不断。而荆江北岸是富庶的江汉平原和武汉、荆州等大中城市，洪水期荆江的水位高出堤内地面 10 余米，一旦遭受洪灾，损失将十分惨重。而以湖北江陵县枣林岗起至监利县城南止，全长 182.35 公里，堤身垂高 14～16 米的荆江大堤既保护着 50 多万公顷耕地和上千万人口的安全，又是江汉平原和武汉三镇、荆州等大中城市的屏障，它是长江堤防中最重要、最险峻的堤段，历代政府都将长江的防洪重点放在荆江大堤上，历代人民则把荆江大堤称为“命堤”。

㉚被称为“长城后之最大工事”指的是哪一项工程？

1931 年，长江流域发生特大洪水之后，国民政府决定以工代赈，大举培修沿江堤防。在沙市至扬州蜿蜒近万里的长江堤岸上，共分为九区进行堤防修筑工程。筑堤高度，以高出是年最高洪水水位 1 米为标准，在汉口以下平均堤高 3 米左右，而荆沙一带则高至七八米。堤顶宽 3 米至 8 米，堤身外坡 1∶3，内坡1∶2，戗堤坡度为 2∶5。所修堤防，长江沿岸共计 1 832 公里，赣江沿岸

575公里，汉江沿岸340公里，完成土方约7 700万立方米。花费人工61万余人。此次筑堤为近代以来长江沿岸规模最大的堤防修筑工程，当时被人称为“长城后之最大工事”。

㉛我国古代最大的陂塘灌溉工程之一——鉴湖是由谁创建的？

我国古代最大的陂塘灌溉工程之一——鉴湖是由东汉顺帝永建年间的会稽郡太守马臻创建的。

东汉时期，在今绍兴地区从北到南依次是杭州湾、山(阴)会(稽)平原和高耸的会稽山脉。山间有几十条溪流，注入山麓众多的湖泊之中。于是形成了“大海—平原—湖群—山脉”的台阶式地形。加上东西两面的曹娥江和浦阳江等水系，这一地区不是水涝成灾，就是干旱成灾。为了解决这一问题，马臻通过对这里地形条件的实地调查，作出了巧妙的鉴湖工程设计，即将历代修筑的湖堤加高培厚，并增筑新堤，使之连成一体。这条大堤以会稽郡城为中心，分为东西两大堤段，这条人工大堤与南边会稽山围成了周长155公里，宽约2.5公里的狭长形大湖——鉴湖(又名镜湖或长湖)。这一工程既可下泄洪水，又可蓄水灌溉，使绍兴一带很快变成“无凶年”的富庶之地。

㉜中国最早兴建的水电站是哪一座？

位于云南省昆明市郊的螳螂川上的石龙坝水电站，是中国最早兴建的水电站。这座电站中的一厂是1908年(清光绪三十四年)由昆明商人王筱斋为首招募商股、集资筹建的。电站于1910年7月开工，1912年4月发电，最初装机容量480千瓦。1932年电站一厂开始扩建，此后经过三四十年的新建、扩建和改建，到1949 年，电站总装机容量达 2 920 千瓦。新中国成立以后，对石龙坝电站进行了进一步的改建。石龙坝电站至今仍在运行。

㉝长江最早修建的一处人工裁弯工程是在何处？

长江最早修建的一处人工裁弯工程，是在嘉陵江支流涪江中游武都至遂宁河段，该河段行经丘陵平坝区，河谷开阔，两岸冲积平原平均宽 5~6 公里，平原以外，岗峦起伏。平原区河宽约 1 公里，河道浅滩发育，沙洲较多，床沙由砂砾、卵石组成，河谷盆地成串珠状分布。唐代，郪城（今四川省射洪县）由于受该河段围绕，洪水灾害严重。郪城荣阳公到任后不久，他参照前人的设想，于开成五年（公元 840 年），命武将率领士兵 3 000 人，开挖了一条长 1 公里、宽 200 米（原河宽的 1/5）、深 20 米的新河道。新河取直，远离郪城。从此，居民免除了洪水灾难。新河竣工后，筑堤将老河堵死，得到了 30 多公顷农田。

㉞长江三峡河段中暗礁险滩的治理历史有多长？最终是如何得以根治的？

长江三峡，西起四川奉节县的白帝城，东至湖北宜昌的南津关，在全长 192 公里的河段上各类著名的凶滩、险滩、巨礁均在其中，历史上往来行人，乘舟过峡屡遭沉溺，死伤者不计其数。为此，整治峡江险滩，化险为夷，已成为许多代人的共同愿望。据现存有关资料记载，从公元 1328 年（明致和元年）至新中国成立，义士、官府和人民治理长江三峡险滩暗礁的活动从未间断过，但真正意义上的根治措施，要算葛洲坝水利枢纽工程。该工程建成后，三峡水位被抬高10多米，许多礁石深埋水下，著名的险滩完全消除，从而使长江航道从根本上得到了治理和改善。

㉟长江口是指什么？治理长江口的原则和方针是什么？

长江口是我国最大的河流——长江的入海口，又是我国第一大港——上海港的门户。然而由于长江径流量大，潮流强，两股强大的动力互相作用，使长江口沙洲多变，航道不稳，严重制约了长江口地区的交通运输和整个工农业生产。因此，长江口的整治势在必行。

长江口整治的原则：① 以航道治理为主，综合开发；②坚持全面规划，分期实施；③因势利导，区别对待；④各类工程相互配合。

长江口治理的方针：①“围垦明沙、稳定暗沙，减少活动沙”；②“基本平衡南、北港分水分沙”；③“稳定并保持南、北港分汊口不对称形式。”

㊱中国历史上最早的“长藤结瓜”式工程出现在哪个朝代？哪个地区？

所谓“长藤结瓜”式工程主要是指分布于淮河流域和长江流域的陂塘串联工程，俗称“长藤结瓜”式灌溉工程。

从现存的历史记载来看，最早的“长藤结瓜”式工程出现于战国末年、今湖北襄阳地区的白起渠。它是一个引汉水支流夷水（今蛮河），在宜城关一带有着五六个陂塘被渠道串联在一起的灌溉工程。这一工程中的白起渠起初是用于攻城，后来逐渐发展成灌溉渠系。这种水利工程将几条相邻水流相连的陂塘结为一体，对解决小流域间的水资源不平衡问题十分有效。

㊲你知道“红军坝”吗？

1931 年 7 月，长江发生特大洪水，洪湖苏维埃地区受灾严重，为了粉碎以蒋介石为首的国民党“水淹苏区”的阴谋，以贺龙同志为首的湘鄂西省委带领洪湖苏区军民积极投入到战胜洪水灾害，共建堤坝的活动中。当时，在沔阳八区中，帮乡的丰乐垸和红大垸之间有一条小河，每当汛期洪水极易倒灌成灾，沿河两岸田园经常被淹。当地党委和苏维埃政府决定在两垸之间筑一条河堤，堵截倒灌洪水。党组织充分发挥群众智慧，一手拿枪，一手拿锹，不仅击退了六次围剿，而且仅用 20 天就筑起了该水坝。苏区人民为了纪念这座以鲜血和生命建成的水坝，将其命名为“红军坝”。

㊳原长江流域规划办公室主任林一山是怎样从一位党政领导成为一名著名的水利专家？他在何处与毛主席第一次会面并谈及长江水资源问题？

林一山同志早年从事革命活动，后就读于北平师范大学，并任校党支部书记。“七·七”事变后离校，负责山东半岛抗日武装起义。起义成功后，曾任胶东抗日部队司令员。之后，调任辽南省委书记兼军区政委等职。新中国成立后，改行从事水利工作。他学识渊博，且十分注重学习与调查研究，尤其善于在工作中运用辩证唯物主义思想方法，很快即由外行变成了内行。原长江流域规划办公室(现长江水利委员会)就是由林一山组建的。这是一个专业门类齐全、有着过硬的政治与技术的水利科技队伍的机构。在 10 多年中，他负责并领导了长江流域规划、南水北调，以及长江三峡水利枢纽等国家重大建设项目的水文、勘测、科研、规划和设计工作，为我国的水利建设事业作出了突出贡献。

1953 年 2 月 19 日，毛主席乘“长江”舰视察长江时首次与林一山会面,并详细询问了“南水北调”的问题。毛主席说:“南方水多,北方水少,能不能从南方借点水给北方?”并指示对汉江引水方案作进一步研究。这充分体现了一代伟人早期对水利工程的高度重视。

㊴周总理早在1958年对长江流域规划工作作了什么指示?

1958年,周恩来总理在察勘三峡时,林一山主任曾向总理汇报了长江流域规划工作。总理指示,长江流域规划工作的基本原则应当是“统一规划,全面发展,适当分工,分期进行”;同时需要“正确地解决以下7种关系:远景与近期;干流与支流;上中下游;大中小型;防洪、发电、灌溉与航运;水电与火电;发电与用电(即有销路)。这7种关系必须互相结合,根据实际情况,分别轻重缓急和先后的次序,进行具体安排。三峡工程是长江流域规划的主体,但是要防止在规划中集中一点,不及其他和以主体代替一切的思想。”总理的这项指示,经过成都会议同意,列入“中共中央关于三峡水利枢纽和长江流域规划的意见”,并经政治局批准。

㊵1952年毛主席、周总理分别为荆江分洪工程题的词是什么?党中央、国务院提出的治理荆江的方针是什么?

新中国成立初期,长江遭遇1949年和1954年洪水,党中央、国务院非常重视荆江、洞庭湖地区的防洪问题。1952年,毛主席、周总理分别为荆江分洪工程题词:“为广大人民的利益,争取荆江分洪工程的胜利”,“要使江湖都对人民有利”。党中央、国务院提出治理荆江的方针:“确保荆江大堤,江湖两利,蓄泄兼筹,以泄为主,上下荆江统筹考虑”。

㊶20 世纪以来长江流域的大洪水主要有哪些？灾情如何？

据记载，长江流域的历史洪水最早可追溯到楚昭王时期(公元前 966～前 948 年)。就本世纪而言，大洪水主要发生在：

1905 年(清光绪三十年)8 月，由于金沙江下段川西和川东南广大地区普降大雨或暴雨，造成金沙江洪水与岷江、沱江的洪水遭遇，加上干流区间的暴雨，致使宜宾至重庆干流河段水位骤涨，水势凶猛，民房庄稼淹损无数。

1931 年(民国 20 年)7～8 月间，长江流域普降大到暴雨，致使长江发生全流域型特大洪水，江汉关水位最高达 28.28 米，长江流域的湖区几乎全部受灾，淹没耕地 300 多万公顷，受灾人口达 2 800 多万，因洪灾而死亡 14.5 万人，灾害损失达 13.5 亿银元。

1935 年(民国 24 年)，鄂西五峰、兴山一带和汉江的堵河、丹江流域发生了著名的“35·7”(1935 年 7 月)暴雨，致使长江中下游鄂、湘、赣、皖、苏、浙六省均受水灾，受灾面积为 59 000 多平方公里，淹没农田 140 多万公顷，受灾人口约 1 000 万人，死亡约 14.2 万人。

1949 年 6～9 月，长江发生全流域性的洪水。由于长时间的降雨，致使汉口最高水位达 27.12 米，造成长江中下游地区受灾农田达 181.4 万公顷，受灾人口 810 万人，因灾死亡人口 0.57 万人。

1954 年长江中下游连续暴雨不断，造成全流域性特大洪水，长江干流及主要湖区洪水位绝大部分达到了历史最高记录，淹没农田 317 万公顷，受灾人口 1 880 余万，死亡 3.3 万人，京广铁路不能正常通车达 100 天。

1981 年，长江上游“81·7”(1981 年 7 月)暴雨持续 6 天，长江上游除甘孜、河坝、凉山三州和渡口市外，洪水波及 14 个地市的 119 个县、市、3 549 个公社，受灾人数达 1 584 万人，受淹农田

87.4万公顷，因灾死亡888人，致使成渝、宝成、成昆铁路多处塌方，运输中断10至20天，是新中国成立以来四川省最大的一次洪水。

1996年7月，长江中下游地区连遭暴雨，致使长江干支流水位猛涨，湖南、湖北、江西、安徽、江苏5省均受不同程度的洪灾，受灾面积达660万公顷，受灾人口9 700万人，死亡1 500多人，造成经济损失800亿元。

1998年，长江再次发生全流域性洪水，洪水在武汉“警戒”水位上持续了83天。由于党中央的重视及全国人民的支持，长江干堤除九江一处溃口外，无其他溃口。1998年洪水受淹面积仅20万公顷，因灾死亡人数1 300余人。

㊷荆江分蓄洪区是哪一年建成的？哪年使用过？

荆江分蓄洪区是1952年4月初开工，6月下旬竣工，纯施工时间只有75天。工程进展如此神速，主要是靠人民群众的建设热情。当时施工，机械化程度低，许多作业是以人力为主，甚至全靠人力。无论是中国人，还是外国人，都交口称赞它的施工效率。

荆江分蓄洪区只使用过1次，那就是1954年百年罕见的三次大洪峰，使荆江大堤危在旦夕，北闸三次开闸，终于转危为安。

㊸什么是蓄洪垦殖区？新中国成立以后长江下游兴建的第一个以蓄洪垦殖为主的综合治理工程是哪一座？发挥了什么作用？

新中国成立后，党和人民政府制定了“江湖两利，蓄泄兼顾”的方针，有计划地在洞庭湖区建立一批垦殖区。这种蓄洪垦殖区，一般也有围堤，它的地势必须有利于接纳洪水，由水利部门勘测选定，而不是任意围湖造田。其次，要选好可以进出洪水的口门。口门处可建闸，也可分洪时扒口。在不需要分洪的年份，增加耕作面积；当长江需要分洪时，就分洪蓄滞洪水。由于蓄洪区与湖水隔离，分洪前不被湖水侵占，所以相应地比天然状态下的湖区"库容"增加，调节洪水的作用比天然状态下更为显著。这种在大水年份蓄洪、平常年份垦殖的"蓄洪垦殖区"，可以说是两全其美。

地处鄂皖两省的华阳河蓄洪垦殖工程是新中国成立后在长江下游兴建的第一个以蓄洪垦殖为主的综合治理工程。本工程在经过了统一规划，兼顾上下游及两省利益，有计划地筑堤建闸之后，一般年份江湖水流隔绝，围垦了大片湖滩地，改变了因江湖相通造成湖水位随江水而涨落的状况；大水年份有计划地分洪，降低了干流洪水位，增加了下游广大圩区防洪安全。多年来该工程已发挥了巨大的经济效益，昔日水患频繁、钉螺孳长繁殖和血吸虫病盛行的荒湖滩，而今已变成 5 个县的棉粮高产区。

44 长江流域最古老、目前又最广泛采用的防洪工程措施是什么？分布情况如何？

堤防是长江流域最古老、最基本的防洪设施，延续 2 000 多年，逐渐形成完善的堤防系统。它也是目前被广泛采用的防洪工程措施。从地域考虑，长江堤防大致可分为 3 个部分：① 长江上游堤防，分布在四川盆地主要河流的中下游，长约 2 100 公里；② 长江中下游堤防，包括长江干堤、主要支流堤防，以及洞庭湖、鄱阳湖区、太湖区堤防，总长 3 万余公里，是长江堤防工程的主体部分；③ 长江海塘。

㊺新中国成立后，长江的堤防建设规模有多大？堤防在防洪工程系统内发挥什么作用？

新中国成立后，进行了大量的堤防建设，长江中下游已经形成了比较完整的堤防体系。堤防总长度3万余公里，其中干堤3 600公里。

从防洪工程系统内的作用来说，堤防较适合宣泄洪水的“基础”部分，即洪水历时较长的部分。这部分如要水库、分蓄洪区承担，就要占用较大的容积，不够经济。所以，在防洪工程系统的调度中，一般总是先充分发挥堤防的泄洪作用，洪水超过一定标准，再动用水库或分蓄洪区蓄洪。

㊻武汉三大堤防主要指哪三个？汉口堤防中的“张公堤”因何得名？

武汉地区地势低洼，湖泊密布，港汊交错，又当江汉汇流之中，历来受江汉洪水的严重威胁。明初开始筑堤，至新中国成立初已筑堤防长达136公里。新中国成立以后，除了按1954年洪水标准将旧堤防加高培厚外，又新修郊区堤防172公里，使武汉市堤防总长达到300多公里，形成了武昌、汉口、汉阳三大堤防系统。

其中汉口堤防由沿江堤、沿河堤、张公堤组成，其中的张公堤因由著名的洋务实业家张之洞主持修建而得名。

㊼新中国成立以来洞庭湖湖区的防洪措施主要有哪些？

洞庭湖区的治理，历来备受重视。尤其是1952和1954年两次洪灾之后，经水利部和长江水利委员会批准，确立了以洞庭湖区防洪为核心的治理原则，先后提出过以下各种实施或未实施的防洪措施方案：堵支并流方案；控湖调洪方案；四口控制方案；南北分流方案；泥沙利用方案；四水上游建库拦洪和湖区修堤方案。

㊽在长江中下游的防洪中为什么要对荆江大堤和武汉市予以特别考虑？

荆江大堤及武汉市堤是长江中下游干流防洪的重中之重。荆江大堤堤身高达 12～16 米，堤质、堤基均存在许多先天性缺陷，而堤内地面比洪水位低十多米，万一大堤溃决，数万立方米每秒的流量以十几米水头倾泄而下，可能造成上千万亩农田被淹，数十万人死亡，中断长江航运，并由于溃泄水体取捷径直趋武汉，对武汉的安全构成严重威胁。武汉市是长江中游特大城市，也是我国极为重要的交通枢纽，万一受淹，不但经济损失巨大，而且还严重影响国民经济的发展，后果极为严重。故在防洪上对荆江大堤与武汉市均予以特别考虑，这也是为了长江防洪的需要而必须兴建三峡工程的重要依据。

㊾进一步加高加固荆江大堤，提高荆江河段的行洪水位，加大河道泄量，能够替代三峡工程吗？

首先来讲，进一步整修加固荆江大堤是完全必要的，但如果进一步加高大堤，则因大堤“先天不足”而增加失事的风险；如遇特大洪水，提高行洪水位而增大河道泄量也有限，难以解决长江巨大的超额洪水。

荆江大堤加高后，其他长江、汉江干堤也要相应加高。按

1954年大洪水不分洪、不溃口推算水位，荆江大堤和长江两岸干堤都要加高3米，初步匡算工程量后，总投资将达185亿元(1986年价格水平)，几乎与三峡枢纽建筑物及电站水轮发电机组等枢纽工程投资相等，而且没有任何产出，经济上显然是不合理的。所以说，进一步加高加固荆江大堤不能够替代三峡工程。

㊿洞庭湖对荆江洪水是否有调蓄作用？其现状和远景如何？

与荆江相通的洞庭湖自然起着调剂、蓄积洪水的作用。史料记载，洞庭湖全盛时期，荆江每年约有一半的洪水要入湖调蓄，然后再由城陵矶返回大江，这样转上一圈，就有效地分泄了荆江洪水，减少了洪灾隐患。但是，由于大量人工围垦，泥沙淤积，洞庭湖湖面减缩，湖床增高，蓄洪功能大大减弱。资料表明，从1825年至1983年共计158年的时间里，洞庭湖面积减少了3 309平方公里；湖泊容积1949年为293亿立方米，到现在已减少到174亿立方米，其调洪能力只有50亿立方米了。有关专家指出，如不采取有效措施，洞庭湖将逐渐走向消亡。

51 何谓分蓄洪区？其作用如何？长江中下游分蓄洪区的防洪有哪些特点？

近代以来，随着生产的发展，人们对长江中下游的湖泊洼地不断进行围垦，形成了许多圩垸，减弱了湖泊洼地自然调蓄洪水的作用。在长江中下游的整体防洪方案中，将部分新老圩垸规定为分蓄洪区，在一定洪水标准时分洪蓄水，与堤防一起共同发挥防洪作用。

实践证明，分蓄洪区是一种有效的防洪措施。1954 年大水，荆江段三次运用了荆江分洪区，进洪 122.6 亿立方米，经推算降低了沙市水位 0.96 米(实测最高水位 44.67 米，如不分洪，据推算将为 45.63 米)。1983 年 10 月，汉江发生秋汛大水，下游邓家湖、小江湖及杜家台分洪区适时分洪，保证了汉江下游干堤安全度汛。

长江中下游分蓄洪区防洪的特点如下：

①工程相对比较简易，在长江中下游的具体条件下，作为一种保全局、保重点、减少损失的措施，可以发挥一定的防洪作用，是可行的。

②目前长江中下游已安排的分蓄洪区，实际上人烟也相当稠密，分洪损失很大，且随着经济的发展，分洪损失有愈来愈大的趋势。

③分洪运用尽管是可能的，但困难很大，特别是决定分洪后的撤退工作，时间短，任务大，组织工作十分复杂，很难完全保证不发生人员伤亡。

④为了减少分洪损失与困难，应进行必要的安全建设，给予必要的投入，并加强管理。

⑤在没有进洪闸时，分洪较难做到适时适量，故其容积不能完全有效。

根据长江的具体情况，即使三峡及其上游一些支流水库兴建后，中下游的分蓄洪区仍不能完全被取代，有一部分将长期保留，只是使用机遇减少。因此，根据上述特点，尚须对分蓄洪区的管理以及相应的政策、法规等作进一步研究。

㊿长江流域共规划了多少个分蓄洪区？其现状如何？

长江流域共规划了 40 个分蓄洪区，就好比 40 个大小“盆子”，足以盛下500亿立方米的水。但由于分蓄洪区的人口剧增，涉淹耕地面积也不断增大，因而面临着决策难、转移难、赔偿难、恢复难的尴尬局面。所以从长远计议，必须加强分蓄洪区的安全建设与管理，制定减少损失的办法。

㊾长江防洪的方针是什么？

多年研究表明，长江防洪不能期望用单一手段加以解决，而必须采取综合措施。首先是要以堤防为基础，充分利用它把大部分洪水东泄入海。但完全靠堤防不仅加高工程量大，而且防汛时防守难度与风险均很大，故需要由水库拦洪削峰及分蓄洪区滞蓄洪水。三峡工程建成后，一般情况先利用其防洪库容蓄洪，遇到特大洪水再动用分蓄洪区。上游其他干支流水库建成后，与三峡工程配合运用，则中下游防洪标准进一步提高，使用分蓄洪区的数量与机遇更少。这种安排就是“蓄泄兼筹，以泄为主”方针的基本体现。1998年抗洪斗争，也是对该方针的一次实践检验。实践表明：长江防洪规划确定的“蓄泄兼筹，以泄为主”的方针是完全正确的。

㊿长江1954年洪水与1998年洪水有何异同？

1954年洪水和1998年洪水相同点主要有以下几方面：一是均属全流域性洪水。1954年和1998年洪水均是全流域降雨径流所引发，干支流、上中游洪水发生遭遇。二是水位均为高水位。三是来水的覆盖面、来洪量都很大。

几个明显的不同之处为：一是降雨特点不同，1954年是几场大暴雨几乎同时覆盖了上中游的广大地区，水势来得更为凶猛；

1998年降雨则先是鄱阳湖水系，然后是洞庭湖水系和江汉平原，随后上游四川盆地降雨，此后又“二度梅”多次反复，形成上下南北拉锯式降雨。二是来洪量不同。1998年洪量除宜昌与1954年相当外，中下游其他主要站均较1954年小。以汉口站为例，30天洪量1998年较1954年小约300亿立方米。

55防汛工作的方针是什么？长江中下游总体防汛任务是什么？

《中华人民共和国防汛条例》明确规定：防汛工作实行“安全第一，常备不懈，以防为主，全力抢险”的方针，并遵循团结协作和局部利益服从全局的原则。

长江中下游总体防汛任务是：积极采取有力的措施，遇到1954年同样严重的大洪水，要确保重点堤防和重要城市的安全，努力减轻洪水灾害的范围和损失。即要求确保荆江大堤、南线大堤、无为大堤、汉江遥堤等重点堤防及武汉市等重要城市的安全；努力保护重要江堤及堤垸(即重点垸)的安全，减少中下游平原的洪灾损失。对常遇洪水，做到安全度汛。遇到超过1954年的洪水，也要全力抢险，力争减少损失。

561998年长江大洪水有什么特点？造成1998年洪水水位异常的原因是什么？

1998年的大洪水可这样来形容：峰连峰，峰叠峰，峰咬峰，高水迎峰。

长江中下游1998年洪水的流量、水量比1954年洪水小，而水位高。究其原因，可归纳为以下几个方面：

一是分洪、溃口的作用。经40多年的防洪工程建设,堤防抗洪能力大为提高。1998年军民抗洪抢险，严防死守，溃堤甚少，分洪溃口量仅约100亿立方米，而1954年分洪溃口量达1 023亿立方米。据估计，1998年分洪、溃口降低螺山水位0.1~0.2米，而1954年降低2米多。

二是湖泊调蓄作用锐减。长江中下游、洞庭湖、鄱阳湖和其他通江湖泊面积大为减小。若将1954年洪水总入流按当前江湖调蓄和正常泄流状况演算，则螺山水位比1998年高1米多。

三是荆江裁弯的影响。通过河道裁弯工程，增大了洪水宣泄能力，这对荆江和洞庭湖的防洪均有利。然而,当上游同等来水时,荆江过流量增大,水位增高,高水位历时延长,护堤任务加重。

四是干支流洪水遭遇，上游洪水过程频繁，形成“上压下顶”之势。6月底鄱阳湖大水使九江水位率先超过实测最高记录，接着上游降雨剧增，洪水下移。8月份上游洪水接踵而至，中下游洪水迭次递增，各站水位流量关系因上游连续多次洪水过程压境，下游河道宣泄受阻(顶托作用)，水位抬高。

五是各地排涝排渍能力增高。多年来,为确保农业高产丰收,抽排灌机电设备日益增多。据初步估计，排水能力约10 000立方米每秒。主汛期向江中排渍也抬高了江湖水位。

57在1998年洪水中，有哪些水库起到了重要作用？三峡水库建成后，对长江防洪的能力有何增强？

长江整个防洪治理当中采取的综合治理措施，包括堤防、分蓄洪区、拦洪水库。在1998年这样一个流域性的大洪水过程中，流域各省支流上的水库都发挥了作用，其中比较突出的是在湖北省境 内的清江隔河岩水库、葛洲坝水库，汉江的丹江口水利枢纽,湖南的柘溪、五强溪、凤滩水库,以及江西的柘林水库等都发挥了很好的作用。

据估计,三峡工程建成后,如果遇到 1998 年这样的洪水,可以拦蓄 158 亿立方米的水,能使干流中游河段水位控制在堤防设计水位之下。

⑱1998 年洪水中,荆江分洪区为什么没有分洪?

1998 年 8 月 17 日 9 时,长江第 6 次洪峰到达沙市,沙市水位 45.22 米,超过争取分洪水位 0.22 米,而当时没有运用荆江分洪区工程分洪的主要原因有以下几点:

一是党中央、国务院正确决策,各级政府高度重视,措施得力,各地军民严防死守;二是新中国建立 40 多年来,长江的堤防建设取得了巨大成就,与 1954 年相比,堤防抗御能力大大增强;三是科学调度,丹江口、葛洲坝、隔河岩、漳河等大中型水库拦洪削峰,有效地降低了中下游水位,仅湖北省内的大中水库拦蓄洪水达 15 亿立方米,滞洪削峰 45 亿立方米;四是及时准确预报测报水情、雨情。长江水利委员会的专家预测,长江上游的来水与三峡区间强降雨形成的叠加洪水,在沙市段 45.22 米的超历史洪水位,只能维持 2 小时,并计算出超额洪水量只有 3 亿多立方米,即使荆江分洪区实施分洪,对监利段以下水位降低不多;五是国力强大,物料充足,一方有难,八方支援。

⑲在 1998 年的抗洪斗争中,人民解放军、武警部队共投入了多少人?动用了多少装备?组织民兵预备役部队多少人?

据统计,在 1998 年抗洪斗争中,截至 1998 年 8 月 23 日止,解放军、武警部队已投入抗洪抢险兵力433.22万人次，组织民兵预备役部队500多万人次，动用车辆23.68万台次，舟艇3.57万艘次，飞机和直升机1 289架次。抗洪救灾的实践再一次证明，我们的军队是党绝对领导下的人民军队，是全心全意为人民服务的子弟兵，是新的历史时期最可爱的人。

⑥⓪江泽民主席首次授予谁为“抗洪英雄”的光荣称号？

1998年8月1日，高建成同志在湖北嘉鱼县簰洲湾执行抗洪抢险任务中，为抢救人民群众和战友而英勇献身。高建成同志是空军某团政治指导员，牺牲时年仅33岁。1998年8月14日，中华人民共和国中央军委主席江泽民签署命令，授予高建成同志“抗洪英雄”的光荣称号。

⑥①毛主席是何年何月何日批准修建葛洲坝工程的？批示的内容是什么？

1970年12月26日，毛主席批准了葛洲坝工程的兴建。批示曰：“赞成兴建此坝。现在文件设想是一回事，兴建过程中将要遇到一些现在想不到的困难问题，那又是一回事。那时，要准备修改设计。”整个批示为两层意思：一层是肯定了工程可以兴建；另一层是预料了工程存在着修改设计的客观必然性。事实上，葛洲坝工程在准备不充足的情况下，经过了“边勘探、边设计、边施工”即所谓的“三边”阶段之后，正如毛主席所预料的那样走上了修改设计即重新设计的正确轨道。

⑫长江干流上兴建的第一座水利枢纽工程是哪一座？工程规模如何？

在世界第三大河——长江干流上兴建的第一座水利枢纽工程为葛洲坝工程。

该工程的规模最大坝高 47 米，坝长 2 651 米(包括两岸土坝)，工程蓄水位 66 米。工程分两期进行，第一期包括二、三江部分的工程，第二期主要包括大江部分的工程。第一期工程有泄水闸 27 孔、电站一座(装机 7 台，96.5 万千瓦)、二号船闸、三号船闸、冲沙闸和纵向围堰等六大建筑物。第二期工程包括电站一座(装机 14 台，175 万千瓦)、一号船闸、泄水闸。两期工程于 1988 年全部建成。葛洲坝工程的船闸、泄水闸是国内最大的，电站在同类建筑物中也是最大的。葛洲坝全部工程共开挖土石方 5 797 万立方米，填筑土方 3 087 万立方米，浇筑混凝土 1 042 万立方米，金属结构 7.29 万吨，投资 48 亿余元。该工程效益显著，年发电量达 157 亿千瓦时；三条船闸年通过能力可达 5 000 万吨，为解决长江上游渠化通航、发展水运提供了条件。工程完全由我国自行设计、自行施工，主要设备也由我国自己制造。大江截流荣获国家金质奖，二江电站和二江泄水闸获得国家银质奖，整个工程获得国家科技进步特等奖。工程由长江水利委员会负责设计，长江葛洲坝工程局负责施工。

葛洲坝工程的建成，是我国水利史上的一个重要里程碑。10 多年的运行实践证明，该工程各项技术经济指标均能达到或超过设计指标。

⑥③葛洲坝工程成功解决了哪些具有国内外先进水平的技术问题？

①河势规划是解决葛洲坝这种大流量低水头工程重大技术问题的关键，是前无古人的一个创举。

②二江泄水闸为主体泄洪建筑物，其设计属世界一流水平。

③泥沙问题的处理达到世界先进水平，同时也把我国多沙河流的大型工程泥沙处理水平提到了新的高度。

④大型低水头水轮发电机组的设计制造是世界上同类机组中最大的，质量可靠。

⑤大型船闸闸门的设计在世界最大的闸门中名列前茅。

⑥软弱地基特性和处理方法的研究在世界岩石土力学界属先进水平。

⑦长江截流工程是世界上几个规模最大的截流工程之一。

⑥④怎样防止葛洲坝工程坝前库区泥沙淤积对航运的影响？

长江的含沙量虽然比黄河少得多，但由于长江的水量大大超过黄河，每年通过大坝的泥沙仍然有5亿吨左右。

建坝后，上游水位抬高，江水流速变缓，有利航运，但泥沙的淤积要加快，不利通航。那么，怎么解决葛洲坝工程的这个问题呢？

有关工程技术人员经过反复试验，探索出一条“静水通航，动水冲沙”的办法，巧妙地在大坝两端建造了两座大型冲沙闸和两道与水流平行的防淤堤。这两道钳形的防淤堤像一把刀和一把宝剑，远远地伸向宽阔的水库，在大坝上游把长江分为三股水流，使长江的主泓居中稳定流向泄水闸；大江和三江则形成侧向引水，成为相对平缓的引航道。冲沙闸平常关闭，引航道风平浪静。当需要清淤时开闸，这时原本平静的引航道顿时变成一条汹涌澎湃的泄洪道，把积沙和卵石统统翻腾起来，冲往下游。

⑥⑤葛洲坝工程初期暴露出哪些严重问题？对此周总理作了哪些重要决策？

葛洲坝工程，自 1970 年 12 月 30 日动工兴建以来，陆续暴露出一些严重问题，主要是枢纽布置、泥沙淤积、消能防冲、大江截流、水流流态，以及水轮机与人字门等重大技术问题没有解决好。特别是河势规划问题没有被摆到应有的位置。这些问题的存在，严重地威胁着工程的成败。

1972 年 11 月，周恩来总理根据毛泽东主席关于葛洲坝工程的批示精神和葛洲坝工程的实际情况，果断地作出了一系列决策：①主体工程停工，重新修改设计；②改组工程领导，成立葛洲坝工程技术委员会，直接对国务院负责；③原由全国抽调的设计队伍一律退出，改由长江流域规划办公室负责设计。

⑥⑥我国最大的水利水电工程是哪一座？其工程规模如何？

三峡水利枢纽是我国最大的水利水电工程，位于长江干流三峡河段下段西陵峡的湖北省宜昌三斗坪，下距葛洲坝工程 38 公里，1994 年 12 月 14 日正式开工。该工程由拦河大坝、泄洪建筑物、水电站和通航建筑物等组成，主要功能为防洪、发电、航运及旅游、养殖、供水等，是综合治理和开发长江的关键工程。拦河大坝采用混凝土重力坝，坝顶高程 185 米，最大坝高 175 米(坝基开挖最低高程 10 米)；坝顶宽度(亦称坝顶厚度)15 米，底部宽度(亦称底厚度)一般为 124 米；从右岸非溢流坝起点至左岸非溢流坝段终点，大坝轴线全长 2 335 米。水库正常蓄水位 175 米，总库容393亿立方米，其中防洪库容221.5亿立方米，兴利库容165亿立方米。溢流坝段布置在河床中部，总长483米。下游采用挑流消能型式，最大泄洪能力为11.6万立方米每秒。水电站采用坝后式厂房，内装26台单机容量70万千瓦的水轮发电机组，总装机容量1 820万千瓦，保证出力499万千瓦，多年平均发电量846.7亿千瓦·时，分左(14台)右(12台)两个电厂。通航建筑物包括双线5级大型船闸(闸室有效尺寸280米×34米×5米，可通过万吨级大型船队)和单线单级升船机(承船厢有效尺寸120米×18米×3.5米，可供3 000吨级客货轮快速过坝)，年单向通过能力5 000万吨，均布置在河床左岸。工程分三期施工，计划总工期17年。开工后第11年，永久通航建筑物启用，第一批机组发电。

三峡工程地理位置优越，综合效益巨大，在妥善解决长江中下游防洪问题中起关键作用，可促进长江经济带的建设，协调我国东中西部经济的平衡发展，并带动我国经济的发展。

㊷伟大领袖毛泽东同志是如何描述宏伟三峡工程的前景的?

伟大领袖毛泽东同志对未来的三峡水利枢纽是这样歌颂的：“……更立西江石壁，截断巫山云雨，高峡出平湖。神女应无恙，当惊世界殊。”

这几句美妙的词，生动概述了长江上这一宏伟工程的前景。

㊸为什么必须以三峡工程为主体进行流域规划?

因为三峡工程在防洪、发电、灌溉与航运等主要的综合利用方面，是指标优越和对全江有显著影响的工程。第一，由于三峡水库可控制长江的主要洪水，并在水量调度上处于有利地位，因而可对洪水起到特殊的控制作用。第二，由于三峡枢纽控制了大量而又稳定的水源，加上它有较高的水头可利用，因而具备了电站指标的优越条件。此外，三峡电站在水火电比例的平衡方面，在适应国家电力负荷增长趋势方面，在联结各地大小水火电站的输电系统方面，都处于极为有利的地位。第三，三峡工程建成后，不仅可以消除三峡以上河段的险滩，而且还可调节荆江河段的枯水水深，使长江航道发生根本性的变化。

⑲三峡水电站建成后，将是世界上第一大水电站吗？

是的，三峡水电站建成后，无论从装机总容量来看，还是从多年平均年发电量来看，在一定时期内，都将是世界上第一大水电站。

三峡水电站总共装机26台；单机容量70万千瓦，装机总容量为1 820万千瓦。多年平均年发电量为846.8亿千瓦·时，相当于我国1992年全年发电量的近1/7。

目前世界上最大的水电站是位于南美洲巴拉那河上的由巴西、巴拉圭两国合建的伊泰普水电站，总共装机18台，单机容量70万千瓦，装机总容量为1 260万千瓦；多年平均年发电量为710亿千瓦·时。

据水利水电科技信息部门调查，目前世界各国正在进行可行性研究的大水电站，其装机总容量和多年平均年发电量还没有超过三峡水电站的。因此可以说，三峡水电站建成后，在一定时期内，将是世界上最大的水电站。

70 为什么三峡工程坝址线选在三斗坪，而不是美国工程师萨凡奇选定的南津关？

尽管萨凡奇先生为世界上早已久负盛名的水工专家，但他所选定的南津关坝址线对我们并没有什么研究价值。因为：

第一，像长江这样大流量的河流，三峡工程这样的超巨型工程，不能沿袭一般的选坝原则。从地形上说，三峡工程的坝址线应该到宽河谷河段中去寻找，而南津关方案是一个非常狭窄的河谷，建围堰，打导流隧洞以及施工都极为困难，是不能同宽河谷坝段比拟的。

第二，从地质上说，三斗坪坝址线是经过好几个坝段的比较研究后优选出来的。三斗坪地处黄陵背斜核部，河谷开阔，地形低缓，基岩完整而坚硬，而南津关坝段河谷狭窄，河流深切，岩层倾向下游，缓倾角断层较发育且构造岩软弱，灰岩中岩溶发育，工程地质和水文地质都很复杂。所以,三斗坪方案无论是地形、地质、水工布置还是施工条件都远比南津关坝线优越。

改革开放以后，许多国家的专家和友人来三斗坪坝址参观考察，都一致认为三斗坪确实是一个难得的好坝址。

71 三峡工程历史洪水是怎样调查出来的？成果准确可靠吗？

历史上曾经发生过的大洪水简称为历史洪水。长江流域历史悠久，物产丰富，文化发达，地方志中又有记录雨情、水情的优良传统，这就为历史洪水调查提供了准确可靠的考证基础。

长江水利委员会对长江流域的历史洪水调查，采用了现场调查和文献考证相结合的方法。

长江干流，自上游的四川省宜宾起至下游安徽省大通止，先后进行了 10 次较大规模的历史洪水调查，查得大洪水年份 60 多个，洪水点据 2 800 余处，其中宜宾至宜昌沿江两岸记载有洪水资料的碑刻、岩刻 146 处，指认洪痕 253 处。其中记载 1870 年特大洪水的碑刻、岩刻达 91 处，其数量之多，实为国内外罕见。

文献考证方面，在北京、上海、南京、四川、湖北、宁波、广州等地的图书馆、档案馆，查录搜集了大量历史文献资料，包括各省、县的地方志，故宫奏折，水利史中有关历史洪水的雨、水、灾情等资料；还查录了“史”、“记”、“典”、“要”和其他私人收藏资料。据初步统计，仅宜昌以上地区的历史洪水，就查录了地方志 760 多种，宫廷档案 600 多件。

采用以上两种方法，调查到的准确的最早历史洪水为 1153 年，最大的历史洪水为 1870 年。

对长江水利委员会所作的历史洪水调查，三峡工程论证水文专家组评价说：“三峡工程有关的历史洪水调查资料和其他工程相比，无论从调查点据数量、洪痕的可信程度、文献资料的考证深度和考证年限等，都是较好的。”“1870 年洪水，根据考证，为自 1153 年有碑刻记载以来大洪水的首位，并根据文献描述和调查访问推估得到该次洪水的大致过程，这在历史洪水调查资料中是很少见的。”

72 什么是百年一遇、千年一遇洪水？三峡工程的这些洪水相对应的洪水流量是多少？

当概率为 10%时的洪水流量，人们习惯地称其为十年一遇洪水；当概率为 1%时的洪水流量，称其为百年一遇洪水；当概率为 0.1%时的洪水流量，称其为千年一遇洪水；依此类推。每一个概率值都有一个相对应的洪水流量，即采用概率论和数理统计学的原理和方法，根据已有实测和调查的历史洪水系列，选用皮尔逊-Ⅲ型理论概率曲线线型并计算确定洪水统计参数，从而推求出相应于各种概率的洪水流量。

三峡工程坝址代表水文站宜昌站不同频率的洪水流量是：二十年一遇洪水流量为 72 300 立方米每秒，百年一遇洪水流量为 83 700立方米每秒，千年一遇洪水流量为 98 800 立方米每秒，万年一遇洪水流量为 113 000 立方米每秒，可能最大洪水的洪水流量为 120 000～127 000 立方米每秒。

⑦③三峡工程大坝、电站厂房等主要枢纽建筑物的设计洪水标准是多少?

根据国务院三峡工程审查委员会对三峡工程可行性报告的审查意见，三峡工程枢纽建筑物按照我国现行规范进行设计。枢纽列为Ⅰ等工程，其主要建筑物列为一级建筑物。设计洪水标准，正常运用情况为千年一遇，非常运用情况(校核情况)为万年一遇洪水加大10%。

正常运用情况下，千年一遇洪水来水流量为 98 800 立方米每秒，设计枢纽下泄流量为69 800立方米每秒。非常运用情况下，也即在校核情况下，万年一遇洪水加大 10% 的来水流量为 124 300 立方米每秒，设计枢纽下泄流量为 102 500 立方米每秒。

⑦④三峡水库是怎样起到防洪作用的?

三峡工程水库总库容 393 亿立方米，完全可称得上“高坝大库”了。但与水量充沛、浩荡东去的长江年径流量相比，它的库容就算不上是大水库了，因而对长江来水只能按季节进行调节，无法做到年调节或多年调节，也就无法像北京密云水库、埃及阿斯旺水库那样拦蓄一次洪水的全部水量。那么，三峡水库的防洪库容仅有221.5亿立方米，究竟是怎样起到防洪作用的呢？

三峡水库是采用“削峰滞蓄”的方式起到巨大的防洪作用的，削减洪峰流量超过中下游河道安全泄量的部分，将这部分水量暂时滞蓄在水库内，待一次洪峰过后，再陆续放走，使库内水位仍维持在汛期限制水位145米，也就是腾空防洪库容，迎接下一次洪峰的到来。

⑮设计三峡工程大坝时是如何考虑战时防空问题的？

三峡工程因其是一项巨大的水利枢纽工程而不同于一般的民用建筑物工程，它毕竟拥有一个库容为393亿立方米的大水库，万一发生战争，三峡大坝会不会因遭受袭击而溃决呢？一旦发生大坝溃决会不会使下游发生洪水灾害呢？这是社会各界人士都极为关心的问题。那么，三峡工程是如何考虑防空的呢？

三峡大坝是一座坚固的钢筋混凝土重力坝，经受得住常规武器的袭击。在三峡大坝设计时，已遵照平战结合和经济合理的原则，采取了一些有利于提高大坝抗爆能力、减轻破坏程度的工程措施。因此，三峡大坝防空研究的重点是如何对付核武器的袭击。对于三峡工程本身来说，对付核武器袭击最有效的手段是，应当能在短时段内将水库从高水位降低到低水位，也就是通常说的放空水库。

三峡大坝设计泄流能力很大，特别是设置了许多深孔，在低水位时仍有相当大的泄流能力，例如当库水位为145米时，总的泄流能力仍可达60 000立方米每秒左右，这就为在短时段内迅速降低库水位提供了条件。据长江水利委员会计算，在非汛期库水位从175米降低到145米，一般在7天以内可以实现，必要时还可以很快放低到135米；在汛期，防洪限制水位为145米，根据需要，也有进一步降低库水位的可能条件。

现代战争总是有征候可察的，这就为三峡工程在必要时降低库水位赢得了时间。

⑯三峡工程大坝万一遭受核武器袭击而溃决，水灾影响范围有多大？

为了认真研究三峡工程大坝万一遭受核武器袭击而溃决后的水灾影响范围，水利部长江水利委员会花费了几年的时间，精心进行了三峡工程大坝溃坝水工模型试验。模拟的最不利情况是，核弹在近坝处爆炸，假设大坝沿坝基全断面瞬时溃决，溃口宽度200米、400米和1 000米，此时入库流量为60 000立方米每秒，相当于十年一遇洪水。

通过溃坝水工模型试验，得出一个规律性的认识。三斗坪大坝至南津关之间长38公里，其间莲沱至南津关长约20公里的峡谷段，一般谷宽仅200～300米，两岸岩石陡峻。大坝上下游的峡谷对溃坝水流有相当的约束作用，限制了溃泄流量，延缓了下泄时间。

溃坝洪水的演进过程表明，溃坝洪水灾害影响范围为沙市以上的局部性灾害。有人说溃坝洪水灾害将影响到武汉甚至更远，则是缺少科学根据的。

⑰三峡水库的“蓄清排浑”是怎么回事？三峡水库能够长期使用下去吗？

“蓄清排浑”是水库的一种运用方式。三峡水库上游来水量和来沙量在年内分配是很不均匀的，以寸滩水文站为例，每年主汛期7~9月的来水量和来沙量分别占全年的52.3%和78.2%。根据这一来水来沙特点，每年汛期水库水位保持在防洪限制水位145米运行，使含沙量较大的洪水(俗称为浑水)能够顺畅地排至下游；汛后水中的含沙量小了，变清了，10月份水库开始蓄水，11月末蓄到正常蓄水位175米，以充分发挥发电与航运效益。三峡水库汛期排出“浑水”(实际上是排沙)，汛后蓄满“清水”，这种运行方式就叫做“蓄清排浑”。

“蓄清排浑”是我国泥沙专家和工程技术人员从建设实践中总结出来的、行之有效的多沙河流上的水库运用方式。采用这种运用方式，可使多沙河流上水库的大部或全部兴利库容得以长期保留，它已在三门峡、闹德海、黑松林等多座水库运用，均取得了良好的预期的效果。

三峡水库的特点使其具备了应用“蓄清排浑”运用方式的更优越的条件。一则三峡水库是一座典型的峡谷型水库，主要是槽库容，滩库容所占比例很小，更有利于“蓄清排浑”方式的运用；二则长江的上径流量和洪峰流量都要比黄河大得多，而含沙量又比黄河小得多，既便于汛期大流量“排浑”，也有足够的水量能满足汛后“蓄清”。

根据悬移质不平衡输沙数学模型计算成果，库水位175~145~155米方案运行100年后，防洪库容能保留86%，兴利调节库容能保留92%。据专家分析预测，三峡水库的平均水库宽度，在不受两岸限制的条件下，将在1 300米左右。

三峡水库上游在2030年以前还要建设一批大型水库，考虑上游建库拦沙方案后，三峡水库运行 100 年的泥沙淤积量，仅相当于上游不拦沙方案 40 年的淤积量，这说明上游建库拦沙作用是十分显著的。

⑦⑧三峡水库淹没线以下有多少个县城全淹或基本全淹？有多少个县城部分被淹？

三峡水库淹没线以下涉及 20 个县、市、区，涉及县(市)城 13 个，建制镇、场镇 114 个。

全淹或基本全淹的县城有 8 个：秭归县城归州镇、兴山县城高阳镇、巴东县城信陵镇、巫山县城巫峡镇、奉节县城永定镇、原万县县城沙河镇、开县县城汉丰镇和丰都县城名山镇。

大部分被淹的有云阳县城云阳镇。

部分受淹的有 4 个：万县市、涪陵市部分市区，忠县县城忠州镇、长寿县城城关镇部分城区(万县市和万县合并后市区划分为龙宝、天城、五桥等 3 个区)。

全淹或基本全淹的 8 个县城以及大部分被淹的云阳县城，通过地质勘探，均已选好新城址，正在制定新城规划。

部分受淹的 2 个市区和 2 个县城，均采取就地后靠的办法，即在高程较高的地方建设部分新城，目前也正在结合旧城改造制定新城规划。

⑦⑨三峡工程对中华鲟有哪些影响？准备采取哪些对策？

中华鲟属鲟形目鲟科，国家一级保护动物，是一种大型洄游鱼类；是 1.4 亿年前和恐龙同时代的生物，素有“活化石”之称。中华鲟性成熟晚，但体重和身长生长迅速，雄性成熟为 9 龄，雌性成熟为14龄；一般身长2米左右，最长达4米；一般体重200公斤左右，最大达500公斤以上。葛洲坝工程建坝前，金沙江每年捕捞中华鲟400～600尾，共6万～9万公斤。葛洲坝工程1981年1月大江截流后，阻断了中华鲟的洄游路线。国家为了保护中华鲟物种，除明令禁止商业性捕捞外，还在宜昌建立了中华鲟人工繁殖研究所，1983年人工繁殖成功，并将幼鲟放流入长江中。1985年又研究成功采用人工合成激素代替雄鲟脑垂体给雌鲟催产。自1984年至1987年，共放流入长江的幼鲟达77万尾。

自1982年秋末始，每年都观察到中华鲟在葛洲坝工程下游15公里江段范围内自然繁殖。长江口崇明岛地区的中华鲟幼鱼资源，1986年已经接近或达到葛洲坝建坝前水平。

三峡工程位于葛洲坝上游，不再存在阻隔中华鲟洄游路线问题。但三峡工程在每年10月份开始蓄水，将使下泄流量比天然有所减少，这就有可能干扰中华鲟在葛洲坝工程下游的栖息和产卵活动。对此，应加强监测，还应更好地解决大批量培养幼鲟并提高其放流入长江后的成活率问题。

中华鲟幼鲟一般在每年5、6月间到达长江口，停留觅食一段时间，然后游入大海。为了保护幼鲟资源，拟在长江口崇明岛东部裕安乡至陈家镇乡，约30公里滩涂水域建立中华鲟幼鲟自然保护区。

80 南水北调工程的意义和作用是什么？

南水北调工程是实现我国水资源优化配置的战略举措。它的建设，可以缓解京、津和华北地区供水紧张局面，对我国国民经济持续、快速和健康发展将产生极其深远的影响。南水北调工程建设顺序为中、东、西。中线工程首推丹江口大坝加高调水145

亿立方米方案。1996 年 5 月 22 日～6 月 2 日，全国人大和全国政协专门组成南水北调中线工程考察团对南水北调中线工程进行了全线考察，以建议加快南水北调中线前期工作，尽早兴建。

81 你了解南水北调中线工程吗？请简述整个工程。

南水北调中线工程是从长江中游引水调往黄、淮、海平原，主要向京、津、冀及总干渠沿线河南、湖北供水的一项工程，主要供给城市生活、工业、农业及其他用水。先期从长江支流汉江丹江口水库引水，后期再从长江干流引水补充水量。丹江口水库是中线工程引水的水源，多年平均入库水量 408.5 亿立方米，按后期规模正常蓄水位 170 米建成后，多年平均可引水约 145 亿立方米。当汉江中下游河道实行渠化和兴建两沙运河后，引汉水量可扩大到 200 亿立方米以上。引汉总干渠从丹江口水库陶岔引水渠首起，沿伏牛山南麓、太行山东麓山前平原行进，至北京市玉渊潭，全长 1 241 公里。天津市干渠自总干渠河北省徐水县西黑山村北分水至天津市西河闸下，线路长 141.6 公里。引汉总干渠水位首尾相差约 100 米，天津线干渠首尾相差 60 余米，均可全线自流输水。总干渠设计流量，渠首为 630 立方米每秒，过黄河为 500 立方米每秒，进北京、天津分别为 70 立方米每秒。

82 南水北调工程共规划了几条调水线路？可以相互代替吗？

经过多年的研究，规划有三条线路，即上游的西线，中游的中线，下游的东线。

西线从通天河、雅砻江、大渡河上游引水入黄河上游。

中线分近期引汉和远期引江两层规划，引汉是从丹江口水库引水；远期是从三峡水库引水(提水)，或在湖北省荆沙市附近的西沙运河引江入汉，再沿汉江唐白河逐级提水入引汉总干渠，自流向黄淮海西部和向北京、天津供水。

东线是从长江下游江苏省江都排灌站抽长江水向黄淮海东部供水。

三条调水线路有各自的主要任务和供水范围，可以相互补充，但不能相互代替。南水北调东、中、西三线工程全部实施后，多年平均调引长江水 500 亿～600 亿立方米，将产生巨大的社会、经济与环境效益。近期的实施步骤是优先建设中线调水工程。其主要技术问题已基本清楚，技术上是可行的，有些技术问题已达到和超过当今世界水平，有待进一步研究。

83丹江口工程的规模有多大？实施南水北调中线方案时它担任什么角色？

丹江口工程位于湖北省丹江口市汉江与其支流丹江汇口下游 800 米处，是治理开发汉江的关键性工程，又是南水北调中线方案的主要水源工程。开发任务初期是防洪、发电、引水、灌溉、航运和水产养殖，完建后引水排在发电之前。初期工程于 1958 年开工，1973 年全部机组投入运行。初期工程主要建筑物由挡水建筑物、水电厂、通航建筑物、引水建筑物组成。挡水建筑物由两岸土石坝与河床宽缝重力坝组成，全长 2 494 米，最大坝高 97 米。水电厂为坝后式厂房，装机 6 台，单机容量 15 万千瓦，机组总容量 90 万千瓦，多年平均发电量 38 亿千瓦·时。另在河床右侧设有自备电厂一座，装机 2 台，容量 4 万千瓦。通航建筑物由垂直升船机、斜面升船机及中间渠道组成，一次可通过 150 吨级驳船一艘，设计年通过能力为83万吨。

根据南水北调任务要求，水利部长江水利委员会于1992年11月完成的《南水北调中线工程可行性研究报告》中确定丹江口水库按正常蓄水位170米完建(已建成的初期工程为157米)，相应库容290.5亿立方米，死水位145～150米，调节库容163亿～190.5亿立方米。大坝加高后须解决好新增的移民问题。工程完建后可以进一步提高汉江中下游防洪能力，基本解决相当于1935年的洪水威胁。在充分满足汉江中下游工农业、城市用水、航运等条件下，可实现向黄、淮、海及京津地区调水，年均调水量约145亿立方米。

84 长江流域的大型灌区有哪些？

长江流域的灌溉面积在10万公顷以上的大型灌区，已建成和较主要的有9处：①四川省都江堰灌区，设计灌溉面积72.4万公顷，有效灌溉面积58.5万公顷；② 四川省升种水库灌区，设计灌溉面积13.9万公顷，有效灌溉面积8.83万公顷；③ 湖北省漳河灌区，设计灌溉面积17.4万公顷，有效灌溉面积14.9万公顷；④湖北省泽口闸灌区，设计灌溉面积11.2万公顷，有效灌溉面积10.7万公顷；⑤引丹灌区，设计灌溉面积14.0万公顷，有效灌溉面积8.4万公顷；⑥湖北省东风灌区，设计灌溉面积10万公顷，有效灌溉面积8.9万公顷；⑦河南省鸭河口灌区，设计灌溉面积14万公顷，有效灌溉面积10.2万公顷；⑧河南省刁河灌区，设计灌溉面积10万公顷，有效灌溉面积2.6万公顷；⑨安徽省驷马山灌区，设计灌溉面积24.4万公顷(包括淮河部分)，有效灌溉面积8.9万公顷。

㉟历史上和新中国成立以后，长江干流河道整治工程是如何开展的？

长江干流河道总的情况是：上游金沙江与川江为山区河流，滩多流急，航行艰险；宜昌以下中下游为平原河流，上荆江承泄上游巨大洪水，形势险要，下荆江蜿蜒曲折，泄洪不畅；城陵矶以下河道分汊，主流摆动，江岸洲滩冲淤，航道变迁。历史上上游因交通航运的迫切需要，整治开展较早；近代，中下游沿江经济日益发展，河道整治工程相应规模较大，成为整治的重点段。上游整治始于隋、唐、明、清，至明清后增多。主要措施为炸礁、凿滩、开槽等。随着轮船航运业的兴起，尤其是抗日战争爆发后，川江航运日增，进行较多整治。新中国成立后，对川江与金沙江局部分期分段进行了航道整治，先后整治了数百处各类险滩，采取了炸礁、疏滩、理滩、绞滩等各类工程措施。累计工程量达 1 000 多万立方米，航深和航宽增加，航行条件大为改善，实现了川江夜航。明清时期，在中下游河道荆江、武昌、汉阳、瓜洲、南通等处建有防冲护岸工程，但多已坍毁。20 世纪 50 年代，对重点崩岸险工段进行抢护整治，兴建了多处沉排护岸工程及荆江大堤抛石护岸工程，开展了河道观测、河床演变研究与河道整治规划工作。60 年代，实施下荆江中洲子与上车湾两处人工裁弯工程。70 年代，护岸工程全面展开。80 年代，适应中下游地区经济的发展，修订了整治规划，确定“因势利导，全面规划，远近结合，分期实施”的整治原则，并确定了上荆江、下荆江、界牌、武汉、九江、安庆、铜陵、芜湖、马鞍山、南京、镇江、扬中、澄通等 13 个河段及长江口为重点整治段。中下游河道整治，完成护岸长度 1 149 公里，裁弯 2 处，堵汊 5 处，建丁坝矶头 700 多座，石方 6 000 多万立方米，沉排 300 多万平方米，效益显著，剧烈崩岸基本制止，河势趋向稳定。

㊻长江上中下游的治理重点各是什么?

宜昌以上的上游段,以修建控制性水库,开发水能,整治与开拓航道,进行水土保持与森林保护等综合治理与开发利用为重点;宜昌至湖口中游段,以防洪除涝和平原湖区综合治理为重点;湖口以下的下游段,除防洪除涝外,防护治理江岸崩坍和保护利用海岸是其治理重点。

㊼新中国成立以来关于洞庭湖治理整治的主要成果有哪些?

关于洞庭湖整治规划的研究从新中国成立初期就已开始,经过几十年的努力,先后有以下一些成果相继出现:

1967 年出版的《洞庭湖变迁史》;1980 年首次由多学科联合作业写出的《洞庭湖资源综合考察报告》;1981 年由湖南省科学技术情报研究所提供的《洞庭湖的演变及其综合治理》;1983 年由湖南省农业区划委员会编印的《湖南省洞庭湖地区农业发展战略研究》;1984 年由湖南省水利水电勘测设计院和湖南省洞庭湖水利工程局共同编制的《湖南省洞庭湖区近期防洪蓄洪工程初步设计书》;由省建委负责组织、省水电设计院具体综合编制的《长江流域综合利用修订补充规划——洞庭湖区综合利用规划报告》;1985 年由湖南省国土委员会和湖南省经济研究中心主编的《洞庭湖区整治开发综合考察研究报告》;1985 年由省国土办委托湖南省科学技术咨询中心编制的《湖南省洞庭湖综合整治、开发规划》等,这些研究成果为洞庭湖地区的整治开发奠定了良好的基础。

⑧武汉河段进行了哪些整治?

武汉河段在长江干流沌口至阳逻，长 48 公里，是长江中游重要河段。武汉长江大桥以上河道顺直，以下展宽分汊，主流多摆动，天兴洲左右两汊兴衰交替。早期武昌、汉阳崩岸严重，明清时期用块石修建部分矶头、驳岸工程，保护江岸。20 世纪初，孙中山在《建国方略》中，曾提出填筑汉口滩面、改直汉江出口段及建桥与过江隧道连通三镇的方案。30 年代，扬子江水利委员会曾提出整治汉口沙洲、改善航道的计划，均未实施。1949 年后，对长江、汉江的堤岸进行了大规模的整修加固，护岸长度达 70 公里。一些严重崩岸，多次出险段如汉口龙王庙、武昌月亮湾等处，屡经加固，趋于稳定。龙王庙在长江、汉江汇合处，河床窄深，最大流速达 5.3 米每秒，冲刷剧烈，岸坡多次崩坍。已在岸上修建了钢筋混凝土防水墙和驳岸码头，水下抛石固脚，累计石方工程量 20 多万立方米。50 年代末，长江大桥建成后，由于桥墩作用，汉阳边滩淤涨，大桥以下主流南移，武昌深槽冲刷，天兴洲南汊发展，北汊衰萎，汉口边滩淤积，给汉口港及市政设施带来不利影响。1984 年后，对武汉河段提出了规划与整治方案：上段堵白沙洲右汊，下段武汉关以下束窄河宽为 1 500 米，整治天兴洲汊道，扩大右汊，封堵左汊，全河段整治为稳定的单一微弯河道，可增加 20 多公里深水岸线和 35 平方公里土地供城市、港口开发建设。但由于涉及到武汉市的防洪、技术方案是否可行等重大问题，各方意见不一致，整治方案尚在进一步研究中。鉴于天兴洲右缘的崩岸使右汊中部迅速展宽，主流向左摆动，将使青山边滩淤涨而危及武汉钢铁公司泵站的取水，1984～1986 年，采用聚酯纤维织布垫层，做了钢筋混凝土块沉排，护岸 2 公里，岸线遂趋于稳定。武汉河段的整治方向为，针对汉口港的淤积与天兴洲汊道的冲淤变化研究控制河势的工程措施，以利于城市防洪与建设。

89 九江河段进行了哪些整治?

九江河段在长江干流大树下至小孤山，长92公里。地处赣、鄂、皖3省界区和长江中、下游交汇处，与京九铁路相交，形成水陆交通枢纽，地位重要。九江市(港)位于弯道南凹岸，上段永安堤是市区防洪屏障，临江坍岸，形势险要。张家洲左汊道为湖北黄广大堤和安徽同马大堤的保护区，耕地在13万公顷以上。右汊中部展宽段和左汊进口过渡段均有浅滩碍航。永安堤险段从50年代开始局部守护，70～80年代进行有计划的治理,采取短丁坝群与平顺护岸结合形式整治，江岸逐步稳定。九江市郊江岸、彭泽江岸以及张家洲江岸的崩岸段也先后进行了治理。70年代起，对张家洲右汊(南港)浅滩整治曾进行过研究和模型试验，提出整治方案。1978～1979年，曾实施张家洲右侧新洲头400米鱼嘴护岸工程，后因故缓建。本河段整治以加强护岸工程、整治张家洲右汊浅滩、改善鄱阳湖出口航道为重点。

90 长江流域水土流失的成因是什么?

长江流域水土流失成因主要有二：一是自然因素。长江流域山地分布广，山高坡陡；降雨量大，多集中在夏季，并多以暴雨形式出现；某些地区植被度低；地表松散岩层分布广泛。地形、气候、植被、土壤等多种自然因素容易导致水土流失。二是人为因素。随着人口急剧增长，粮食、燃料、用材等需求量迅速增加，超越了当地生产发展水平，以致人口环境容量失调，造成掠夺式经营。结果是坡耕地面积陡增，地表植被破坏，造成水土流失。

此外，随着基建工程和乡镇企业的发展，随意开挖、弃渣、破坏植被的现象增加，缺乏行之有效的水土保持措施，因而又造成新的水土流失。二者以人为因素为主。

⑨①长江流域水土保持的重点治理区为何处？

长江流域的水土保持重点治理工作始于80年代。1982年国务院批准葛洲坝库区和江西省兴国县列入全国8片水土保持重点治理区。两片总面积5 068平方公里，水土流失面积3 493.6平方公里。第一期工程1992年结束，共治理水土流失面积1 395.8平方公里。葛洲坝库区未经治理的水土流失面积并入长江上游三峡库区重点治理区继续治理；江西省兴国县水土流失治理扩大到贡水流域的兴国、宁都、于都、石城、会昌、瑞金等市县。第二期工程总面积25 407平方公里，水土流失面积6 601平方公里，规划到2000年治理水土流失面积3 400平方公里，1993年至1994年已治理水土流失面积459.81平方公里。1988年，国务院批准将长江上游列为全国水土保持重点防治区。1989年开始在云南、贵州、四川、甘肃、陕西、湖北6省境内水土流失较为严重的金沙江下游及毕节地区、陇南及陕南地区、嘉陵江中下游、三峡库区等4片开展重点治理。4片总面积30.4万平方公里，水土流失面积17.1万平方公里，涉及152个县(市、区)。到1994年6年间，首批78个县已治理水土流失面积3.3万平方公里。丹江口水库水源区水土保持重点治理区1994年开展治理，总面积9.1万平方公里，涉及陕西、湖北、四川、河南4省42个县，有水土流失面积5.14万平方公里。首批7个县市1994年完成治理水土流失面积245.25平方公里。

92 国家批准的“长江中上游防护林体系建设工程”是什么时候开始实施的？完成了哪些治理工程？

1989年开始执行，沿江11个省200多个县市按工程规划全面施工。1989～1994年投入资金6亿多元，累计造林540多万公顷。上游6省1市15.6万平方公里范围内的2 200多条小流域分期分批综合治理，一期工程169条小流域治理于1993年底治理完成，至1995年二期工程已完成70%，初步形成金沙江下游及贵州毕节地区的蓝桉、蔗糖、香蕉、苹果基地，嘉陵江中下游和三峡库区的柑橘、蚕桑、茶叶、龙须草基地，陕南的花椒、苹果、杜仲基地等。

参考文献

1 长江流域规划办公室,《长江水利史略》编写组.长江水利史略.北京:水利电力出版社,1979 年

2 石铭鼎,栾临滨等编著.长江.武汉长江教育出版社,1989 年

3 顾浩主编.中国治水史鉴.北京:中国水利水电出版社,1997 年

4 史传栋主编.长江航运史.北京:人民交通出版社,1991 年

5 中央电视台编.话说长江.北京:中国青年出版社,1985 年

6 洪庆余主编.中国江河防洪丛书·长江卷.北京:中国水利水电出版社,1998 年

7 孙尚清主编.长江经济研究.北京:中国展望出版社.1986 年

8 王杰,王保畲,罗正齐主编.长江大词典.武汉:武汉出版社,1997 年

9 中国水利电力文学艺术协会长江水利委员会分会编.旅游在长江上.北京:中国旅游出版社,1990 年

10 陶景良编.三峡工程 140 问.北京:中国电力出版社,1994 年

11 李镇南著.治江侧记.北京:中国电力出版社,1997 年

12 杨世华主编.林一山治水文选.北京:新华出版社,1992 年

13 杨世华主编.葛洲坝工程的决策.武汉:湖北科学技术出版社,1995 年

14 长江年鉴编纂委员会,水利部长江水利委员会.长江年鉴.武汉:长江年鉴出版社,1997~1998 年

图书在版编目(CIP)数据

长江400问/朱振宏主编. -郑州:黄河水利出版社,
1999.9(2000.11重印)
(中国江河百问丛书)
ISBN 7-80621-272-8

Ⅰ.长…　Ⅱ.朱…　Ⅲ.长江-基本知识-问答
Ⅳ.K928.42-44

中国版本图书馆CIP数据核字(2000)第58186号

中国江河百问系列丛书总策划:骆向新　张保印

责任编辑:武会先　　装帧设计:朱　鹏
责任校对:赵宏伟　　责任印制:常红昕

出版发行:黄河水利出版社
地址:河南省郑州市金水路11号　邮编:450003
发行部电话:(0371)6302620　传真:6302219
E-mail:yrcp@public2.zz.ha.cn
印　刷:黄河水利委员会印刷厂

开　本:850mm×1168mm　1/32　　印　张:6.875　插　页:7
版　次:1999年9月　第1版　　字　数:166千字
印　次:2000年11月　郑州第2次印刷　　印　数:6401—7400

定　价:16.00元